高职高专园林工程技术专业系列规划教材

GAOZHI GAOZHUAN YUANLIN GONGCHENG JISHU ZHUANYE XILIE GUIHUA JIAOCAI

园林工程预决算

主 编 李国庆

副主编 胡光宇 张俊丽

中国电力出版社
www.cepp.com.cn

本教材为高职高专园林工程技术专业系列规划教材之一，全书共分为7章，包括园林工程预决算基础、园林工程预决算定额，园林工程量计算方法，园林工程施工图预算，园林工程量清单计价的编制与应用，园林工程结算与竣工决算，园林工程招投标。

　　本书可供园林、景观、观赏园艺、林学等高中职院校师生使用，也可供从事相关专业的科研、生产工作者及广大自学者使用与参考。

图书在版编目（CIP）数据

　　园林工程预决算/李国庆主编. —北京：中国电力出版社，2009.9（2013.8 重印）

　　（高职高专园林工程技术专业系列规划教材）

　　ISBN 978 - 7 - 5083 - 8752 - 9

　　Ⅰ. 园… Ⅱ. 李… Ⅲ. 园林－工程施工－建筑经济定额－高等学校：技术学校－教材 Ⅳ. TU986.3

　　中国版本图书馆 CIP 数据核字（2009）第 123709 号

中国电力出版社出版发行

北京市东城区北京站西街 19 号　100005　http：//www.cepp.com.cn

责任编辑：周娟华　　　责任印制：陈焊彬　　　责任校对：太兴华

航远印刷有限公司印刷·各地新华书店经售

2009 年 9 月第 1 版·2013 年 8 月第 4 次印刷

787mm×1092mm　1/16·　9 印张·　220 千字

定价：22.00 元

编写人员名单

主　编　李国庆（黑龙江生物科技职业学院）

副主编　胡光宇（辽宁林业职业学院）

　　　　　张俊丽（潍坊职业技术学院）

参　编　杨伟红（山西林业职业技术学院）

　　　　　黎彩敏（佛山科学技术学院）

　　　　　冉广林（重庆三峡职业学院）

　　　　　秦微娜（黑龙江生物科技职业学院）

主　审　王洪成（黑龙江省农业科学院）

　　　　　王　艳（佛山科学技术学院）

前　言

　　《园林工程预决算》是根据高等职业院校园林工程类专业的需要而编写的。该课程是园林专业的主干课之一，也是一门技术性很强的课程。任何一项园林工程的建设都必须有园林预决算这一重要工作，这项工作也是园林工程设计单位和施工单位必须设立的一个岗位。因此，本书的编写以岗位的真实工作为主线，着重介绍相关的知识和计算方法。

　　本教材以《全国统一仿古建筑及园林工程预算定额》和《建设工程工程量清单计价规范》为预算依据，以确保全国各地统一，各学校在使用时再根据各地情况套用地方定额。

　　编写《定额》或《规范》两部分内容时，把如何查找和使用作为重点；每节后面的习题以算为主，减少背诵的项目；名词规范，解释简洁、明确；在编写中尽量以实例来说明问题，压缩语言叙述。

　　本教材共分为7章，第1章　园林工程预决算基础，由李国庆编写；第2章　园林工程预决算定额，由杨伟红编写；第3章　园林工程量计算方法，由胡光宇编写；第4章　园林工程施工图预算，由张俊丽编写；第5章　园林工程量清单计价的编制与应用，由黎彩敏编写；第6章　园林工程结算与竣工决算，由冉广林编写；第7章　园林工程招投标，由秦微娜编写。全书由李国庆统稿。

　　本书在编写过程中得到了黑龙江生物科技职业学院、辽宁林业职业学院、潍坊职业技术学院、山西林业职业技术学院、重庆三峡职业学院、佛山科学技术学院的大力支持，在编写过程中作者引用和参考了许多文献资料，在此向有关作者表示感谢！

　　由于作者水平有限，教材中难免存在缺点和错误，恳请读者批评指正。

编　者

目 录

第1章　园林工程预决算基础

知识要点：
- 园林工程预决算的概念，园林工程预决算的类型
- 园林工程造价体系

技能要点：
- 能正确确定工程项目的级别

1.1 园林工程预决算的概念与类型

1.1.1 园林工程预决算的概念

1. 园林工程预决算的概念

园林工程预决算是指在工程建设过程中，根据不同设计阶段的设计文件的具体内容和有关定额、指标和取费标准，预先计算和确定建设项目的全部工程费用的技术经济文件。

园林工程预决算可分为投资估算、设计概算、修正概算、施工图预算、竣工结算、竣工决算、预算结算审核等。

2. 园林工程预决算的意义

园林工程属于艺术范畴，由于每项工程各具特色，风格各异，工艺要求不尽相同，且项目零星，地点分散，工程量小，工作面大，花样繁多，形式各异，又受气候条件的影响较大。因此，不可能用简单、统一的价格对园林产品进行精确地核算，必须根据设计文件的要求和园林产品的特点，对园林工程事先从经济上加以计算，如何将大量的劳动力、资金、材料用好、管好，做到少花钱多办事，以便获得合理的工程造价，保证工程质量。

3. 园林工程预决算的作用

园林工程预决算是指建设项目从筹建到竣工验收的全部费用，认真做好预决算是关系到贯彻基本建设程序、合理组织施工、按时按质按量完成建设任务的重要环节，同时又是对建设工程进行财政监督、审计的重要依据，因此，做好预决算工作有着重要的作用。

（1）园林工程预决算是确定园林建设工程造价的依据。通过工程预决算的编制，为每项园林建设工程确定出全部建设费用，也就是工程造价。只有正确地计算确定出工程造价，才能使基本建设计划有了较为可靠的编制依据，才可能对设计方案进行经济合理的比较和选择，才有可能使建设单位和施工单位之间建立承发包关系，才可能在基本建设中建立完全的经济核算制。因此它是基本建设管理中不可缺少的环节。

（2）园林工程预决算是建设单位与施工单位进行工程招标的依据，也是双方签订施工合同、办理竣工结算的依据。园林工程基本建设预决算，也可作为招标投标工程编制标底的依据和投标单位进行投标报价的参考。

工程承包合同，是法人之间为实现一定经济目的，明确双方权利和义务关系的协议书。工程合同主要包括工程范围、施工期限、工程质量、工程造价、材料和设备供应以及拨款、贷款和结算等内容。签订工程承包合同时，可依据基本建设工程预算确定经济承包价值。

基本建设项目投资包干责任制，是指建设单位对国家计划确定的建设项目按建设规模、投资总额、建设工期、工程质量和材料消耗包干。基本建设预算可为工程项目投资包干中的投资额和主要材料消耗包干提供依据。

（3）园林工程预决算是银行拨付工程款或贷款的依据。建设银行是基本建设财务监督的机构，建设银行是根据基本建设工程预算作为拨款、贷款的最高限额的，累计总额不得突破工程预算。初步设计概算是拨款和贷款的最高限额，对建设项目的全部拨款、贷款，或单项、单位的拨款、贷款，累计总额不能超过初步设计概算。

（4）园林工程预决算是施工企业组织生产、编制计划、统计工作量和实物量指标的依据。施工单位的经营计算和施工技术财务计划的组成内容，以及它们的相应指标体系中部分指标的确定，都必须以施工图预算为依据，例如：实物工程量、工作量、总产值和利润额等指标。其中总产值应为直接按工程承包的施工图预算价格计算。另外，在编制施工技术财务计划时，也必须以施工图预算为依据。

在对拟建工程进行施工的准备过程中，依赖于施工图预算提供有关数据的工作主要有：施工图预算控制下编制单位工程施工计划；以施工图预算的分部、分项工程量、工料分析为依据，编制施工计划和劳动力、材料、成品、半成品、构件和施工机械等需要量的供应计划，并落实货源，组织运输，控制消耗；以施工图预算提供的直接费用、间接费用为依据，对工程施工进度网络计划进行工期与资源、工期与成本优化等。

（5）园林工程预决算是施工企业考核工程成本的依据。基本建设工程预决算是考核企业实施承包后经营管理水平的依据；是开展经济活动分析，评价或衡量施工方案、技术组织措施是否先进合理的尺度；是施工企业内部实行承包经济责任制时，作为逐层向下发包的成本控制极限；还可据此对施工企业内部按照本企业的经营管理水平为标准编制出的施工预算进行考核。

（6）园林工程预决算是设计单位对设计方案进行技术经济分析比较的依据。建设项目的各个设计方案出来以后，可以利用园林基本建设工程预算中的总造价指标、各工程项目的造价指标、各种构件造价指标、单位面积造价指标、单位产品成本等指标进行经济比较，找出各设计方案的不足之处，促使设计人员进一步改进设计。对基本建设工程预算的主要实物消耗量与设计进行技术经济分析，力求降低原材料消耗等。

总之，通过设计方案的技术经济分析，可以促使设计方案提高水准，吸取其他方案的优点，进一步完善设计。

1.1.2　园林工程建设的造价管理

1. 园林工程建设的一般程序

园林工程一般通过八个阶段完成。一个建设项目，从计划建设到建成投产，一般要经过确定项目、设计、施工和验收等阶段，具体工作内容包括以下各项。

（1）提出项目建议。投资者根据需要，拟投资兴建某建设项目，并论证兴建该项目的必要性、可行性以及兴建的目的、要求、计划等内容，写成报告，建议有关部门同意兴建该项目。

（2）可行性研究。根据上级批准的项目建议书，对建设项目进行可行性研究，减少项目决策的盲目性，使建设项目的确定具有切实的可行性。这就需要做确切的资源勘测、工程地质和水文地质勘察、地形测量、气象和环境保护资料的收集。在此基础上，论证建设项目在技术上的可行性和经济上的合理性，并做多个方案的比较，推荐最佳方案，作为编制设计任务书的依据。

（3）编制设计任务书。设计任务书是确定投资项目，编制设计文件的主要依据。它在投资程序中起主导作用，使项目建设及建成投产后所需要的人、财、物有可靠保证。建设项目要按照一定的隶属关系，由主管部门组织计划、设计等单位，编制设计任务书。

（4）选择建设地点。建设地点的选择主要解决两个问题：一是工程地质、水文地质等自然条件是否可靠；二是建设时所需的水、电、交通条件是否落实。

建设地点的选择，要求在综合研究和进行多方案比较的基础上，提出选点报告。

（5）编制设计文件。建设项目设计任务书和选址报告批准后，建设单位应委托设计单位，按设计任务书的要求，编制设计文件。设计文件是安排建设项目和组织工程施工的主要依据。对于大中型项目，一般采用两阶段设计，即初步设计和施工图设计；对于技术上复杂且缺乏设计经验的项目，应增加技术设计阶段。

初步设计的目的是确定建设项目在确定地点和规定期限内进行建设的可能性和合理性，从技术上和经济上对建设项目作出全面规划和合理安排，作出基本技术决定和确定总的建设费用，以便取得最好的经济效益。

技术设计是为了研究和决定初步设计所采用的工艺过程、建筑与结构形式等方面的主要技术问题，补充完善初步设计。

施工图设计是在批准的初步设计基础上制定的，比初步设计具体、准确，是进行绿化工程、管道铺设、钢筋混凝土和金属结构、房屋构造、构造物等施工所采用的图纸，是现场施工的依据。

（6）做好建设准备。要保证施工的顺利进行，就必须做好各项建设的准备工作。建设项目设计任务书批准之后，建设单位应根据计划要求的建设进度和工作的实际情况，按照《中华人民共和国招标投标法》的要求，通过建筑市场进行工程招投标，择优选定施工企业。

（7）组织施工。所有建设项目在签订经济承包合同后方可组织施工，并在施工过程中做到计划、设计、施工三个环节互相衔接，投资、图纸、设备、材料、施工力量五个方面落实，保证全面完成计划。

（8）竣工验收，交付使用。在合同中规定的建设任务全部完成之后，根据国家和地方政府的有关法律法规和文件的精神组织建设单位、工程监理单位对工程进行预验，预验合格后签认"竣工验收报告书"，最后请政府主管部门质监站进行质量核验，审查合格后该工程就可正式竣工。

竣工验收的作用在于：

1）确定所建工程质量是否合格。

2）参加建设的各单位分别进行总结，给予必要的奖惩。

3）移交固定资产，交付使用。

2. 工程造价管理体制

工程造价管理体制是指对工程造价进行组织和管理的基本制度和方式方法等的总称，它是建筑市场管理体制的重要内容；主要包括有关造价管理主体的确立，各类造价管理制度的制定，各种经济利益关系的处理，工程造价的调控方式，有关造价管理机构的设置、管理权限和管理职责的划分等内容。

工程造价管理体制是建筑市场运行机制的核心。我国的工程造价管理是以市场调节为主、辅以政府指导价（"量价分离、市场调节价"）的管理体制。

3. 工程造价管理的组织系统

工程造价管理的组织是指为实现工程造价管理的目标而进行的有效组织活动以及与造价管理功能相关的有机群体。工程造价管理的组织包括政府行政管理系统、企事业单位管理系统、工程造价管理协会和工程造价咨询单位。

（1）政府行政管理系统。政府在工程造价管理中既是宏观管理主体，也是政府投资项目的微观管理主体，工程造价管理始终是各级政府经济工作的重要内容。我国政府有一个十分严密的组织系统对工程造价进行管理，设置了多层管理机构，并规定了管理权限和职责范围。我国现行的工程造价管理的政府组织系统是由国务院统一管理的，再由专业部委、建设部及各省政府对造价相关部门进行管理，基本是属于政府职能，体现出集中领导、分级管理和多部门、多层次管理的基本模式。从管理权限的划分上，建设部标准定额司是归口领导机构，其主要职能是：

1）组织制定工程造价管理有关法规、制度并组织贯彻实施。

2）组织制定全国统一经济定额和部管行业经济定额的制订、修订计划。

3）组织制定全国统一经济定额和部管行业经济定额。

4）监督指导全国统一经济定额和部管行业经济定额。

5）制定工程造价咨询单位的资质标准并监督执行，提出工程造价专业技术人员执业资格标准。

6）管理全国工程造价咨询单位资质工作，负责全国甲级工程造价咨询单位的资质审定。

（2）企事业单位管理系统。企业或事业单位对工程造价的管理属于微观管理的范畴，如建设单位在项目的前期估算投资并进行经济评价，实施项目招标并编制标底、进行评标，在施工阶段通过对设计变更、索赔、结算等进行造价管理和控制工作；设计单位通过限额设计实现造价控制目标；施工单位的造价管理尤为重要，要通过市场调查和自我分析，提出工程估价，研究投标策略进行投标报价，强化索赔意识保护自身权益，加强管理提高竞争力等。

（3）工程造价咨询单位。工程造价咨询是指面向社会接受委托，承担工程项目的投资估算和经济评价、工程概算和设计审核、标底和报价的编制和审核、工程结算和竣工决算等业务工作。

工程造价咨询单位是指取得工程造价咨询单位资质证书，具有独立法人资格的企事业单位，分为甲、乙两个等级。甲级单位业务范围可跨地区、跨部门承担各类工程项目的工程造价咨询业务；乙级单位可在本地区范围内承担中型以下工程项目的咨询业务。

（4）中国建设工程造价管理协会。

4. 造价工程师

造价工程师是指经全国统一考试合格，取得造价工程师执业资格证书，并经注册从事建设工程造价业务活动的专业技术人员。造价工程师的执业资格是指履行工程造价管理岗位职责与业务的准入资格。造价工程师执业资格制度是工程造价管理的一项基本制度。制度规定，凡是从事工程建设活动的建设、设计、施工、工程咨询等单位和部门，必须在相关岗位配备有造价工程师执业资格的专业技术人员。

造价工程师执业资格考试主要包括工程造价的相关知识、工程造价的确定与控制、工程技术与计量和工程造价案例分析等四门课程。

（1）造价工程师的执业范围。

1）建设项目投资估算、概算、预算、结算、决算及工程招标标底价、投标报价的编制或审核。

2）建设项目经济评价和后评价、设计方案技术经济论证和优化、施工方案优选和技术经济评价。

3）工程造价的监控。

4）工程经济纠纷的鉴定。

5）工程变更及合同价的调整和索赔费用的计算。

6）工程造价依据的编制和审查。

7）国务院建设行政主管部门规定的其他业务。

（2）造价工程师的职责范围。

1）凡需报批或审查的工程造价成果文件，应由造价工程师签字并加盖执业专用章，在注明单位名称和加盖单位公章后方属有效。

2）造价工程师的执业范围不得超越其所在单位的业务范围，并且只能受聘于一个单位执行业务。

3）依法签订聘任合同，依法解除聘任合同。

（3）造价工程师的素质要求。

1）思想道德方面的素质。

2）文化方面的素质。

3）专业方面的素质。造价工程师应具有以专业知识和技能为基础的工程造价管理方面的实际工作能力，即发现问题、分析问题和解决问题的能力，这需要造价工程师具有深厚的专业知识和从事工程造价管理的丰富实践经验。其应掌握的专业知识包括：相关的经济理论，项目投资管理和融资，建筑经济与企业管理，财政税收与金融实务，市场与价格，招投标与合同，工程造价管理，工作方法与动作研究，综合工业技术与建筑技术，建筑制图与识图，施工技术与施工组织，相关法律，法规和政策，计算机应用和信息管理以及现行各类计价依据等。

4）身体方面的素质。

1.1.3　园林工程预决算的类型

按照国家规定，基本建设工程预算是随同建设程序分阶段进行的。由于各阶段的预算基础和工作深度不同，基本建设工程预算可以分为两类，即概算与预算。概算有可行性研究投资估算和初步设计概算两种，预算又有施工图设计预算和施工预算之分，基本建设工程预算是上述估算、概算和预算的总称。

1. 设计概算

设计概算是初步设计（或扩大初设计）阶段，根据勘测设计的技术文件，结合概算定额、概算指标、工资标准、设备价格、材料价格以及各项费用标准等基础资料，由设计单位进行编制的，是确定建设项目和单项工程建设费用的文件。向国家和地区报批投资的文件，经审批后用以编制固定资产计划，是控制建设项目投资的依据。

概算编制内容包括工程建设的全部内容，如总概算要考虑从筹建开始到竣工验收交付使用前所需的一切费用。

设计概算是初步设计文件的重要组成部分。其作用如下。

（1）是编制建设工程计划的依据。

（2）是控制工程建设投资的依据。

（3）是鉴别设计方案经济合理性、考核园林产品成本的依据。

（4）是控制工程建设拨款的依据。

（5）是进行建设投资包干的依据。

2. 施工图预算

施工图预算系指在施工图设计阶段，当初步设计完成后，设计单位根据施工图纸、建筑工程预算定额、建筑材料预算价格和工程造价管理的有关规定等资料，进行计算和确定单位建筑工程建设费用的文件。

施工图预算的主要作用如下。

（1）是确定园林工程造价的依据。

（2）是编制年度建设项目计划的依据。

（3）是招投标、签订施工合同的依据。

（4）是建设银行办理工程贷（拨）款、结算和实行财政监督的依据。

（5）是施工企业考核工程建设成本的依据。

（6）是施工企业编制施工计划和统计完成工作量的依据。

3. 施工预算

施工预算系指园林工程项目在施工阶段，在施工图预算的控制下，施工队（处）根据施工图计算的分项工程量、施工定额、施工组织设计或分部（项）工程施工过程的技术节约措施设计等资料，在施工项目开工前，具体计算园林工程或其中的分部（项）工程所需的人工、材料、机械台班的消耗数量的一种预算。

施工图预算和施工预算的区别：施工图预算是以货币数量形式，表示建筑工程的直接费（包括其他直接费）、间接费、计划利润和税金等。而施工预算，则是以实物数量表示的，如各种工种的用工数量、各种材料的用料数量、各种机械的台班用量等，这些都要求按不同的工种等级、不同的材质规格，不同的机械类别型号，一一详细列出。因此，施工预算一般主要有下列几项作用。

（1）是施工企业编制施工作业计划的依据。

（2）是施工企业签发施工任务单、限额领料的依据。

（3）是向施工作业组下达施工任务的依据。

（4）是实行班组经济核算，限额领料的依据。

（5）是开展定额经济包干、实行按劳分配的依据。

（6）是劳动力、材料和机具调度管理的依据。

（7）是施工企业开展经济活动分析和进行施工预算与施工图预算对比的依据。

（8）是施工企业控制成本的依据。

编制施工图预算的主要目的，是施工企业据以向建设单位索取工程价款。而施工预算的主要目的，是在企业收入的限额内，精打细算，厉行节约，使实际支出控制在施工预算之内，做到有盈余。

4. 竣工结算

竣工结算是施工企业在完成承发包合同所规定的全部内容，并交工验收之后，根据工程实施过程中所发生的实际情况及合同的有关规定而编制的，向业主提出自己应得的全部工程价款的工程造价文件。竣工结算由施工单位编制报业主后，业主将自行或委托造价咨询部门审核，其审定后的最终结果，将直接牵涉到施工单位的切身利益。如何把已实施的工作内容、该得的利益，通过竣工结算反映出来，而使自身利益不受损失，是每个施工企业应该重视的问题。同时竣工结算是施工单位考核工程成本进行经济核算的依据，是总结和衡量企业管理水平的依据。通过竣工结算，可总结工作经验教训，找出施工浪费的原因，为提高施工管理水平服务。

5. 竣工决算

工程竣工决算分为施工单位竣工决算和建设单位的竣工决算两种。

施工企业内部的单位工程竣工决算，它是以单位工程为对象，以单位工程竣工结算为依据，核算一个单位工程的预算成本、实际成本和成本降低额，所以又称为单位工程竣工成本决算。它是由施工企业的财会部门进行编制的。通过决算，施工企业内部可以进行实际成本分析，反映经营效果，总结经验教训，以利提高企业经营管理水平。

建设单位竣工决算，是根据原国家建委提出的"所有新建扩建或改建工程建设项目或单位工程竣工后，都必须编制竣工决算"的要求，由建设单位组织有关部门以竣工结算等资料为基础进行编制的。它是反映竣工项目的建设成果和财务支出的总结文件，它包括建筑工程费用，安装工程费用，设备、工器具购置费用和其他费用等。用以正确核定固定资产的价值，办理交付使用，考核建设成本，分析投资效果，进行"三算"对比，并为以后的项目建设积累经验和资料。竣工决算的主要作用如下。

（1）用以核定新增固定资产价值，办理交付使用。

（2）考核建设成本，分析投资效果。

（3）总结经验，积累资料，促进深化改革，提高投资效果。

设计概算、施工图预算和竣工决算在园林工程行业中通称为"三算"。"三算"是园林工程建设的三个阶段的建设费用，它体现了从设计、施工到竣工验收过程中的有秩序的经济工作关系，反映基本建设程序的客观经济规律，三者紧密联系，环环相扣，缺一不可（图1-1）。它们之间的关系是：概算价值不得超过计划任务书的投资额，施工图预算不得超过概算金额，竣工决算不得超过施工图预算金额，这种关系能够正确确定和控制基本建设的费用，也具有提高基本建设效益的作用，同时也是加强基本建设管理与经济核算的基础。

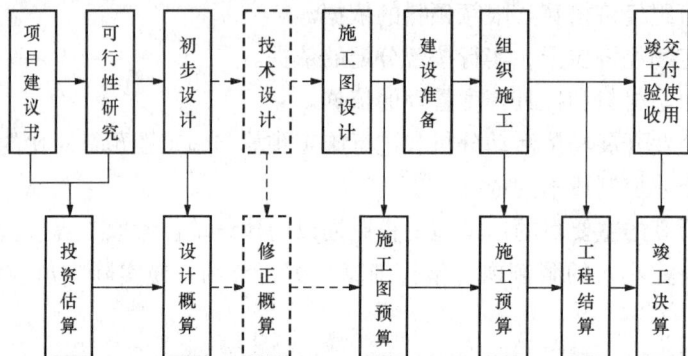

图 1-1　基本建设程序与概预算对应关系

1.2　园林工程预决算编制

1.2.1　园林工程预决算编制的依据

为了提高预决算的准确性，保证预决算的质量，在编制预决算时，主要依据下列技术资料和有关规定。

1. 施工图纸

施工图纸是指经过会审的施工图，包括所附的设计说明书、选用的通用图集和标准图集或施工手册、设计变更文件等，它们是取定尺寸规格、计算工程量的主要依据，是编制预算的基本资料。

园林工程设计图纸所含内容一般有：园林建筑及小品、山石水流（假山叠石、河溪湖池）、园地绿化（园地平整、花草树木）、道路桥梁、门架栏围等工程项目。

（1）园林建筑及小品工程包括：园林建筑及小品的平面图、立面图、剖面图及局部构造图。

（2）山石水流工程包括：假山、石景、瀑布、河流、驳岸等平面图、剖面图及其局部构造图。

（3）园地绿化工程包括：园地的地形整理和平整、花坛草坪和树木的栽植等的平面规划布置图。

（4）道路桥梁工程包括：园林中的各种道路、卷桥、石、木和钢筋混凝土平桥的平面图、立面图、剖面图和局部构造图。

（5）门架栏围工程包括：门坊、门楼、花架、栏杆、围墙、挡墙和有关构筑物等的平面图、立面图、剖面图和局部构造图。

以上是一般园林工程中所常用的工程项目的各类图纸，由于园林工程所处的景区情境各异，还会有一些特殊工程项目的图纸，但它们都不包括水电安装工程，水电安装工程应另行处理。

2. 施工组织设计

园林工程施工组织设计是有序进行施工管理的开始和基础，是园林工程建设单位在组织施工前必须完成的一项法定的技术性工作。

园林工程施工组织设计是以园林工程（整个工程或若干个单项工程）为对象编写的用来指导工程施工的技术性文件。其核心内容是如何科学合理地安排好劳动力、材料、设备、资金和施工方法这五个主要的施工因素。

施工组织设计也称施工方案，是确定单位工程进度计划、施工方法、主要技术措施、施工现场的平面布局和其他有关准备工作的技术文件。在编制工程预算时，某些分部工程应该套用哪些工程细目（子项）的定额以及相应的工程量是多少，要以施工方案为依据。

3. 工程预算定额

预算定额是确定工程造价的主要依据，它是由国家或被授权单位统一组织编制和颁发的一种法令性指标，具有极大的权威性，是编制工程预决算所应遵循的基本执行标准。

我国目前由建设部统编和颁发的《全国统一仿古建筑及园林工程预算定额》共分四册，其中第一册为《通用项目》，适用于采用现代建筑工程施工方法进行施工的仿古建筑及园林工程的有关项目；第二册为《营造法源作法项目》，适用于按《营造法源》要求进行设计建造的仿古建筑工程和其他建筑工程中的仿古部分；第三册为《营造侧例作法项目》，适用于按《工程做法侧例》风格进行设计而施工的仿古建筑工程及现代建筑工程中仿古部分；第四册为《园林绿化工程》，适用于园林、庭院内的绿化工程、假山叠石和其他园林小品等有关项目。

以上四册中，第一册应与第二、三、四册配套使用，属于一般建筑工程的不能套用本定额，需要按《建筑安装工程基础定额》执行。

由于我国幅员辽阔，种地材料价格差异很大，因此各地均将统一定额经过换算后颁发执行。

4. 基本建设材料预决算价格，人工工资标准，施工机械台班费用定额

5. 园林建设工程管理费及其他费用取费定额

工程管理费和其他费用，因地区和施工企业不同，其取费标准也不同，各省、市地区、企业都有各自的取费定额。

6. 建设单位和施工单位签订的合同或协议

合同或协议中双方约定的标准也可成为编制工程预算的依据。

7. 国家及地区颁发的有关文件

国家或地区各有关主管部门，制订颁发的有关编制工程预决算的各种文件和规定，如某些材料调价、新增某种取费项目的文件等，都是编制工程预算时必须遵照执行的依据，是计算工程造价计费的执行文件。

8. 工具书及其他有关手册

以上依据都是编制预决算所不能缺少的基本内容，但其中使用时间最长、使用次数最多的应该是工程预算定额和施工设计图纸，它们也是编制工程预决算中应用难度最大的两项内容，后面将进行详述。

1.2.2　园林工程预决算编制的程序

编制园林工程预决算的一般步骤和顺序概括起来是：熟悉并掌握预算定额的使用范围、具体内容、工程量计算规则和计算方法，应取费项目、费用标准和计算公式；熟悉施工图及其文字说明；参加技术交底，解决施工图中的疑难问题；了解施工方案中的有关内容；确定并准备有关预算定额；确定分部工程项目；列出工程细目；计算工程量；套用预算定额；编制补充单价；计算合计和小计；进行工料分析；计算应取费用；复核、计算单位工程总造价及单位造价；填写编制说明书并装订签章。

1. 搜集各种编制所需的依据资料

编制预算之前，要搜集齐下列资料：施工图设计图纸、施工组织设计、预算定额、施工管理费和各项取费定额、材料预算价格表、地方预决算材料、预算调价文件和地方有关技术经济资料等。

2. 熟悉施工图纸和施工说明书，参加技术交底，解决疑难问题

设计图纸和施工说明书是编制工程预决算的重要基础资料。它为选择套用定额子目、取定尺寸和计算各项工程量提供重要的依据，因此，在编制预算之前，必须对设计图纸和施工说明书进行全面细致地熟悉和审查，并要参加技术交底，共同解决施工图中的疑难问题，从而掌握及了解设计意图和工程全貌，以免在选用定额子目和工程量计算上发生错误。

3. 熟悉施工组织设计和了解现场情况

施工组织设计是由施工单位根据工程特点、施工现场的实际情况等各种有关条件编制的，它是编制预算的依据。所以，必须完全熟悉施工组织设计的全部内容，并深入现场，了解现场实际情况是否与设计一致才能准确编制预算。

4. 学习并掌握好工程预决算定额及其有关规定

为了提高工程预决算的编制水平，正确地运用预决算定额及其有关规定，必须熟悉掌握预算定额的全部内容，了解和掌握定额子目的工程内容、施工方法、材料规格、质量要求、计量单位、工程量计算规则等，以便能熟练地查找和正确地应用。

5. 确定工程项目，计算工程量

工程项目的划分及工程量计算，必须根据设计图纸和施工说明书提供的工程构造、设计尺寸和做法要求，结合施工现场的施工条件，按照预算定额的项目划分、工程量的计算规则和计量单位的规定，对每个分项工程进行具体计算。

（1）确定工程项目。在熟悉施工图纸及施工组织设计的基础上要严格按定额的项目或工程量清单项目设置规则确定工程项目，这是计算工程量的关键。为了防止丢项、漏项的现象发生，在编排项目时应首先将工程分为若干分部工程，如基础工程、主体工程、门窗工程、园林建筑及小品、水景工程、绿化工程等。

（2）计算工程量。正确地计算工程量，对基本建设计划、统计施工作业计划工作、合理安排施工进度、组织劳动力和物资的供应都是不可缺少的，同时也是进行基本建设财务管理与会计核算的重要依据，所以工程量计算不单纯是技术计算工作，它对工程建设效益分析具有重要作用。

在计算工程量时应注意以下几点。

1) 在根据施工图纸和预算定额确定工程项目的基础上，必须严格按照定额规定和工程量计算规则，以施工图所注位置与尺寸为依据进行计算，不能人为地加大或缩小构件尺寸。

2) 计算必须与定额中的计算单位相一致，才能准确地套用预算定额中的预算单价。

3) 取定的建筑尺寸和苗木规格要准确，而且要便于核对。

4) 计算底稿要整齐，数字清楚，数值准确，切忌草率零乱，辨认不清。对数字精确度的要求，工程量算至小数点后两位，钢材、木材及使用贵重材料的项目可算至小数点后三位，余数四舍五入。

5) 要按照一定的计算顺序计算。为了便于计算和审核工程量，防止遗漏或重复计算，计算工程量时除了按照定额项目的顺序进行计算外，也可以采用先外后内或先横后竖等不同的计算顺序。

6) 利用基数，连续计算。有些"线"和"面"是计算许多分项工程的基数，在整个工程量计算中要反复多次地进行运算，在运算中找出共性因素，再根据预算定额分项工程量的有关规定，找出计算过程中各分项工程量的内在联系，就可以把繁琐工程进行简化，从而迅速准确地完成大量的工程量计算工作。

6. 编制工程预算书

(1) 确定单位预算价值。填写预算单价时要严格按照预算定额中的子目及有关规定进行，使用单价要正确，每一分项工程的定额编号、工程项目名称、规格、计量单位、单价均应与定额要求相符，要防止错套，以免影响预算的质量。

(2) 计算工程直接费。单位工程直接费是各个分部分项工程直接费的总和，分项工程直接费则是分项工程量乘以预算定额工程预算单价而求得的。

(3) 计算其他各项费用。单位工程直接费计算完毕，即可计算其他直接、间接费、计划利润、税金等费用。

(4) 计算工程预算总价。汇总工程量直接费、其他直接费、间接费、计划利润、税金等费用，最后即可求得工程预算总造价。

(5) 校核。工程预算编制完毕后，应由有关人员对预算的各项内容进行逐项全面核对，消除差错，保证工程预算的准确性。

(6) 编写"工程预算书的编制说明"，填写工程预算书的封面，装订成册。

编制说明一般包括以下内容。

1) 工程概况。通常要写明工程编号、工程名称、建设规模等。

2) 编制依据。编制预算时所采用的图纸名称、标准图集、材料做法以及设计变更文件；采用的预算定额、材料预算价格及各种费用定额等资料。

3) 其他有关说明。是指在预算表中无法表示且需要用文字做补充说明的内容。

工程预算封面通常需填写的内容有：工程编号、工程名称、建设单位名称、施工单位名称、建设规模、工程预算造价、编制单位及日期等。

7. 工料分析

工料分析是在编写预算时，根据分部、分项工程项目的数量和相应定额中的项目所列的用工及用料的数量，计算出各工程项目所需的人工及用料数量，然后进行统计汇总，计算出整个工程的工料所需数量。

8. 复核、签章及审批

工程预算编制出来后,由本企业的有关人员对所编制预算的主要内容及计算情况进行一次全面检查核对,以便及时发现可能出现的差错并及时纠正,提高工程预算准确性,审核无误后并按规定上报,经上级机关批准后再送交建设单位和建设银行审批。

复 习 思 考 题

1. 园林工程预决算的意义。
2. 什么是"三算"?"三算"之间有什么关系?
3. 结合某项工程,试述园林工程预决算编制的程序。
4. 试比较施工预算与施工图预算的区别。

第2章 园林工程预决算定额

知识要点：
- 园林工程定额的概念及分类
- 园林概算定额与概算指标之间的差异

技能要点：
- 能够使用园林预算定额进行换算

2.1 概念和分类

2.1.1 定额概念

所谓定，就是规定；额，就是额度或限额。从广义上讲，定额就是规定的额度或限额，它是一种标准，是人们根据各种不同的需要，对某一事物在时间、空间上的数量规定或数量尺度。具体来讲，定额是指在正常的施工条件下，完成某一合格单位产品或完成一定数量的工作所消耗的人工、材料、机械台班的数额。

2.1.2 定额分类

在工程建设过程中，由于使用对象和目的不同，定额有很多种类。对定额可按内容、用途、使用范围等加以分类，如图 2-1 所示。

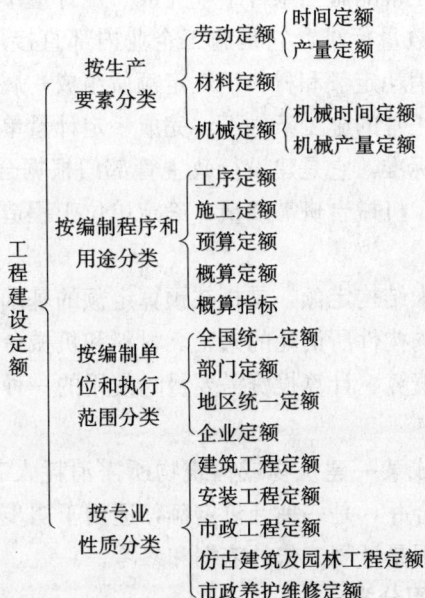

图 2-1 工程建设定额的分类

1. 按生产要素分类

进行物质资料生产所必须具备的三要素是：劳动者、劳动对象和劳动工具。劳动者是指生产工人；劳动对象是指各种原材料和半成品等；劳动工具是指生产机具和设备等。为了适应建设工程施工活动的需要，定额可按这三个要素编制，即劳动定额、材料消耗定额、机械台班消耗定额。

（1）劳动定额，又称人工定额。是指在正常的施工技术和合理的劳动组织条件下，完成单位合格产品所必须消耗的劳动力消耗量标准（劳动时间）。劳动定额大多采用工作时间消耗量来计算劳动消耗的数量。所以劳动定额主要表现形式是时间定额和产量定额，时间定额和产量定额互为倒数。

（2）材料消耗定额，简称材料定额。是指在节约与合理使用材料的条件下，生产单位合格产品所必须消耗的一定品种、规格材料的数量标准。包括净用在产品中的数量，也包括在施工过程中发生的合理的损耗量。

（3）机械台班消耗定额，简称机械定额。是指在合理的人机组合条件下，完成一定合格产品所必须消耗的机械台班的数量标准。机械定额的主要表现形式是机械时间定额，但同时也表现为机械产量定额。

劳动定额、材料消耗定额和机械台班消耗定额的制定，应能最大限度地反映社会平均必须消耗的水平，这三种定额是制定各种实用性定额的基础，因此，也称为基础定额。

2. 按编制程序和用途分类

根据不同的设计阶段，定额按编制程序和用途可分为工序定额、施工定额、预算定额、概算定额和概算指标。

（1）工序定额，是以个别工序为测定对象的定额。它是组成一切工程定额的基本元素，在施工中除了为计算个别工序的用工量外很少采用，但却是劳动定额形成的基础。

（2）施工定额，是指在正常的施工条件下，完成一定计量单位的某一施工过程或工序所需人工、材料和机械台班的数量标准。它是施工企业内部直接用于施工管理的一种技术定额，由劳动定额、机械台班消耗定额和材料消耗定额所组成，属于企业生产定额的性质。

（3）预算定额，是指在正常的施工条件下，完成一定计量单位工程合格产品所需消耗的人工、材料、机械台班数量标准。它是建设行政主管部门根据合理的施工组织设计而制定，计算单位工程中人工、材料、机械台班需要量，确定单位工程造价的一种定额，属于计价性定额。

（4）概算定额，也称扩大结构定额，是指在预算定额的基础上确定的、完成合格的单位扩大分项工程或单位扩大结构构件所消耗的人工、材料和机械台班的数量标准。它是设计单位在初步设计阶段编制设计概算、计算投资需要量时使用的一种参考定额，它的主要作用是为项目投资控制提供依据。

（5）概算指标，是指完成某一建筑物或构筑物所需消耗人工、材料、机械台班数量标准。它是概算定额的扩大与合并，是一种计价定额，适用于初步设计阶段，是控制项目投资的有效工具，它所提供的数据是计划工作的依据和参考。

3. 按编制单位和执行范围分类

按编制单位和执行范围分类时，定额可分为全国统一定额、部门定额、地区统一定额、企业定额。

（1）全国统一定额，是由国家建设行政主管部门综合全国工程建设、工程技术和施工组织管理的情况制定、颁发，并在全国范围内执行的定额。如全国统一的《仿古建筑及园林工程预算定额》。

（2）部门定额，由中央各部位根据本部门专业性质不同的特点，参照全国统一定额的制定水平，编制出适合本部门工程技术特点以及施工生产和管理水平的一种定额。在其行业内，全国通用，如水利工程定额、铁路建设工程定额。

（3）地区统一定额，也称单位估价表，是由各省、自治区、直辖市建设行政主管部门结合本地区特点，在全国统一定额水平的基础上，对定额项目做出适当调整、补充而成的一种定额，在本地区范围内执行。

（4）企业定额，是由施工企业考虑本企业具体情况，参照国家、部门或地区定额水平制定的定额。企业定额只在企业内部使用，是企业素质的一个标志，一般应高于国家现行定额，才能满足生产技术发展、企业管理和市场竞争的需要。

4. 按专业性质分类

按专业的不同性质，可将工程定额分为建筑工程定额、安装工程定额、市政工程定额、仿古建筑及园林工程定额、市政养护维修定额等。

（1）建筑工程定额，适用于一般工业与民用建筑的新建、扩建工程，特指一般土建工程、装饰工程、构筑物工程。

（2）安装工程定额，适用于一般工业与民用建筑的新建、扩建工程中的水、暖、电以及其他安装工程，按专业分为十三册：机械设备安装工程，电气设备安装工程，热力设备安装工程，炉窑砌筑工程，静置设备与工艺金属结构制作安装工程，工业管道工程，消防及安全防范设备安装工程，给排水、采暖、燃气工程，通风空调工程，自动化控制仪表安装工程，刷油、防腐蚀、绝热工程，通信设备及线路工程等。

（3）市政工程定额，适用于新建、扩建市政工程，及住宅区、厂区内道路、排水管道工程。主要专业包括：城市道路、桥涵、隧道、排水、给水、燃气与集中供热工程等。

（4）仿古建筑及园林工程定额，主要适用与新建、扩建、修缮的仿古建筑及园林绿化工程，也适用于小区的绿化和小品设施。

（5）市政养护维修定额，主要适用于城市、城镇的道路、排水、桥涵、路灯等市政设施的中、小养护维修工程。

2.2 概算定额与概算指标

2.2.1 概算定额

1. 概算定额的概念

概算定额又称扩大结构定额或综合预算定额，是指确定完成合格的单位扩大分项工程或单位扩大结构构件所需消耗的人工、材料、机械台班和资金的数量限额或标准。概算定额是概算编制的计算基础，是设计单位在初步设计阶段或扩大设计阶段确定工程造价、编制设计概算的依据。

概算定额是预算定额的合并与扩大。它将预算定额中有联系的若干分项工程项目综合为一个概算定额项目。如砖基础概算定额项目，就是以砖基础为主，将平整场地、挖地槽（坑）、铺设垫层、砌砖基础、铺设防潮层、回填土及运土等各分项工程内容，综合为一项砖基础工程，计量单位为"10m"。又如砖外墙定额，就是以砖砌体为主，将墙体加筋、过梁、压顶、内墙抹灰、刷白、外墙勾缝等内容，综合为砖外墙工程，计量单位为"100m²"。

2. 概算定额的作用

概算定额由省、市、自治区在预算定额基础上组织编制，分别由主管部门申批，报国家发展与改革委员会备案。概算定额的主要作用如下。

（1）概算定额是初步设计阶段编制建设项目概算造价的依据。

（2）概算定额是编制概算指标的基础依据。

（3）概算定额是设计方案比选的依据。设计方案比选的目的是选择技术先进、可行、经济合理的方案，在满足使用功能的条件下，达到降低造价和节约资源的目的。而概算定额采用综合扩大分项工程后，为设计方案的比选提供了简便可靠的依据。

（4）概算定额是进行施工前准备，控制施工图预算的依据。

（5）概算定额是控制工程投资、贷款，进行建设投资包干和编制年度建设计划的依据。

（6）概算定额是编制固定资产计划，组织主要设备订货，编制主要材料需要量计划的依据。

（7）概算定额是签订工程承包合同的依据。

（8）概算定额是工程结束后，进行工程竣工结算的依据。

3. 概算定额的编制依据

概算定额是国家或授权机关编制的，编制时必须依据以下相关文件和资料。

（1）国家或地方办法的有关文件。

（2）现行的设计规范和施工文献。

（3）具有代表性的设计图纸和其他设计资料。

（4）现行的人工工资标准，材料预算价格，机械台班预算价格。

（5）现行概算定额。

4. 概算定额的编制步骤

概算定额的编制一般分三个阶段进行，即准备阶段、编制初稿阶段和审查定稿阶段。

（1）准备阶段，该阶段主要是确定编制机构和人员组成；收集相关资料，了解并熟悉市场变化状况；进行调查研究，了解现行概算定额执行情况和存在的问题；明确编制的目的，制定概算定额的编制方案和确定概算定额的项目。

（2）编制初稿阶段，该阶段是根据已确定的编制方案和概算定额项目，收集和整理各种编制依据资料，对各种资料进行深入细致地测算和分析，考虑当期的生产要素指导价格，确定人工、材料和机械台班的消耗量指标，最后编制出概算定额初稿。

（3）审查定稿阶段，该阶段的主要工作是测算概算定额水平，即测算新编概算定额与原概算定额及现行预算定额之间的水平。测算的方法既要分项进行测算，又要通过编制单位工程概算以单位工程为对象进行综合测算。概算定额水平与预算定额水平之间应有一定的幅度差，幅度差一般在 5% 以内，否则需对概算定额做必要的修改。概算定额经测算比较后，可报送国家授权机关审批，经批准后颁发执行。

5. 概算定额手册的内容

概算定额手册的内容基本上是由文字说明、定额项目表和附录三部分组成。

（1）文字说明部分，这部分有总说明和分章说明。在总说明中，主要阐述概算定额的编制依据、原则、适用范围、目的、主要内容、使用范围、应注意的事项等。分章说明主要阐述本章包括的综合工作内容及工程量计算规则、注意事项等。

（2）定额项目表，就是以分部（章）分项顺序排列的工程子项目表，它是概算定额手册的主要内容，由若干分节定额组成。各节定额由工程内容、定额表及附注说明组成。定额表中列有定额编号、定额基价、计量单位、概算价格、人工、材料、机械台班消耗量指标，综合了预算定额的若干项目与数量。

（3）附录。

2.2.2　概算指标

1. 概算指标的概念

概算指标是以整个建筑物或构筑物为对象，以建筑面积、体积或成套设备装置的台或组为计量单位而规定的人工、材料、机械台班的消耗量标准和造价指标。它是较概算定额综合性更大的指标，所以依据概算指标来估算造价就更为简便。

2. 概算指标的作用

（1）概算指标主要是初步设计阶段编制概算、进行设计技术经济分析、确定工程造价、考核建设成本的依据，也是建设单位申请投资拨款、编制基本建设计划的依据。

（2）概算指标中的主要材料可作为匡算拟建工程主要材料用量的依据。

（3）概算指标也是设计单位进行方案比较，建设单位申请投资、编制建设计划的依据。

3. 概算指标的编制依据

（1）标准设计图纸和各类工程的典型设计。

（2）国家颁发的建筑标准、设计规范、施工规范及有关技术规范。

（3）不同结构类型的造价指标。

（4）各类工程的工程结算资料。

（5）现行的概算定额和预算定额（消耗量定额）以及补充定额资料。

（6）人工工资标准、材料预算价格手册、机械台班单价及其他有关的价格资料。

4. 概算指标的编制步骤

概算指标编制同样划分三个阶段，即收集整理资料阶段、平衡调整阶段和测算审查阶段。

（1）收集整理资料阶段，该阶段主要是收集整理已建成或正在建设的，符合现行技术政策和技术发展方向、有可能重复采用的、有代表性的工程设计施工图、标准设计以及相应的竣工介绍或施工预算资料等。同时，对调查收集到的资料要选择占投资比重大、相互关联多的项目进行认真地分析整理，将整理后的数据资料按项目划分栏目加以归类，按照编制年度的现行定额、费用标准和价格，调整成编制年度的造价水平及相互比例。

（2）平衡调整阶段，该阶段主要是对有关资料进行综合平衡和调整，避免数据失准或漏项等。

（3）测算审查阶段，该阶段的主要是将新编的指标和选定的工作预决算，在同一价格条件下进行比较，检验其"量差"偏离程度是否在允许范围内，对偏差过大的，查找原因，进行修正，以保证指标的准确、实用。同时，应由专人对指标编制质量进行系统检查，以保持测算口径的统一，在此基础上组织有关专业人员予以全面审查定稿。

5. 概算指标的表现形式

概算指标的表现形式分为综合概算指标和单项概算指标两种。

（1）综合概算指标，是指按工业或民用建筑及其结构类型而制定的概算指标。综合概算指标的概括性较大，其准确性、针对性不如单项指标。

（2）单项概算指标，是指为某种建筑物或构筑物而编制的概算指标。单项概算指标的针对性较强，故指标中对工程结构形式要作介绍。只要工程项目的结构形式及工程内容与单项指标中的工程情况相吻合，编制出的设计概算就比较准确。

6. 概算指标的应用

概算指标的应用比概算定额具有更大的灵活性，由于它是一种综合性很强的指标，不可能与拟建工程的建筑特征、结构特征、自然条件、施工条件完全一致。因此，在选用概算指标时要十分慎重，选用的指标与设计对象在各个方面应尽量一致或接近，不一致的地方要进行换算，以提高准确性。

（1）概算指标的直接套用，设计对象的结构特征与概算一致时，可以直接套用概算指标。直接套用时应注意：拟建工程的建设地点与概算指标中工程的外形特征、结构特征应基本相同，拟建工程的建筑面积、层数与概算指标中工程的建筑面积、层数相差不大。

（2）概算指标的调整，用概算指标编制工程概算时，往往不容易选到与概算指标中工程结构特征完全相同的概算指标，实际工程与概算指标的内容存在着一定的差异。在这种情况下，需对概算指标进行调整，调整的方法如下。

1）每 100m^2 造价调整：调整的思路如同定额换算，即从原每 100m^2 概算造价中，减去每 100m^2 占地面积需换出结构构件的价值，加上每 100m^2 占地面积需换入结构构件的价值，即得 100m^2 修正造价调整指标，再将每 100m^2 造价调整指标乘以设计对象的总占地面积，即得出拟建工程的概算造价。

计算公式为：每 100m^2 占地面积造价调整指标＝所选指标造价－每 100m^2 换出结构构件的价值＋每 100m^2 换入结构构件的价值

式中　换出结构构件的价值＝原指标中结构构件工程量×地区概算定额基价；

换入结构构件的价值＝拟建工程中结构构件的工程量×地区概算定额基价。

【例 2-1】 某公园绿化工程，占地面积为 6800m^2，按图算出一砖外墙为 988m^2。所选定的概算指标中，每 100m^2 面积有一砖半外墙 25.71m^2，每 100m^2 概算造价为 31 868 元，试求调整后每 100m^2 概算造价及拟建工程的概算造价。

解： 概算指标调整详见表 2-1，则每 100m^2 面积调整概算造价＝31 868＋1283－2242＝30 909 元，拟建工程的概算造价为：35.8×30 892＝1 106 542.2 元

表 2-1　　　　　　　　　　　　　　　　概 算 指 标 调 整 计 算

序号	概算定额编号	构　件	单位	数量	单价/元	合计	备注
1	换入部分						
	2-78	一砖外墙	m²	14.53	88.31	1283	
2	换出部分						
	2-78	一砖半外墙	m²	25.71	87.20	2242	

2）每100m² 中工料数量的调整：调整的思路是从所选定指标的工料消耗量中，换出与拟建工程不同的结构构件的工料消耗量，换入所需结构构件的工料消耗量。

关于换出换入的工料数量，是根据换出换入结构构件的工程量乘以相应的概算定额中工料消耗指标得到的。根据调整后的工料消耗量和地区材料预算价格、人工工资标准、机械台班预算单价，计算每100m² 的概算基价，然后依据有关取费规定，计算每100m² 的概算造价。

这种方法主要适用于不同地区的同类工程编制概算。用概算指标编制工程概算，工程量的计算工作很小，也节省了大量的定额套用和工料分析工作，因此比用概算定额编制工程概算的速度要快，但是准确性差一些。

2.3　园林工程预算定额

2.3.1　预算定额的概念与作用

1. 预算定额的概念

预算定额，是指在正常的施工条件下，完成一定计量单位的分项工程或结构构件所必需的人工、材料、机械以及费用合理消耗的数量标准。

园林工程预算定额是国家主管机关或被授权单位组织编制并颁发的一种法令性指标，它规定了行业平均先进的必要劳动量，工程内容、质量和安全要求，是一项重要的经济法规。定额中的各项指标，反映了国家对完成单位产品基本构造要素（即第一单位分项工程或结构构件）所规定的人工、材料、机械台班等消耗的数量限额。这种限额最终决定着单项工程和单位工程的成本和造价。

预算定额中的各项消耗指标，应是体现社会平均水平的指标。为了提高施工企业的管理水平和生产力水平，定额中的人工、材料等消耗指标，应是平均先进的水平指标。

2. 预算定额的作用

（1）预算定额是编制施工图预算、确定和控制工程造价的基础。

施工图预算是施工图设计文件之一，是控制和确定工程造价的必要手段。编制施工图预算，除设计文件决定的建设工程的功能、规模、尺寸和文字说明是计算分部分项工程量和结构构件数量的依据外，预算定额是确定一定计量单位工程人工、材料、机械消耗量的依据，也是计算分项工程单价的基础。

（2）预算定额是对设计方案进行技术经济比较、技术经济分析的依据。

设计方案在设计工作中居于中心地位。设计方案的选择要满足功能需要、符合设计规范，既要技术先进又要经济合理。根据预算定额对方案进行技术经济分析和比较，是选择经济合理设计方案的重要方法。对设计方案进行比较，主要是通过定额对不同方案所需人工、材料和机械台班消耗量等进行比较。这种比较可以判明不同方案对工程造价的影响。对于新结构、新材料的应用和推广，也需要借助于预算定额进行技术分项和比较，从技术与经济的结合上考虑普遍采用的可能性和效益。

（3）预算定额是施工企业进行经济活动分析的参考依据。

实行经济核算的根本目的，是用经济的方法促使企业在保证质量和工期的条件下，用较少的劳动消耗取得预定的经济效果。在目前，我国的预算定额仍决定着企业的收入，企业必须以预算定额作为评价企业工作的重要标准。企业可根据预算定额，对施工中的劳动、材料、机械的消耗情况进行具体的分析，以便找出低工效、高消耗的薄弱环节及其原因。为实现经济效益的增长由粗放型向集约型转变，提供对比数据，促进企业提高在市场上的竞争的能力。

（4）预算定额是编制标底、投标报价的基础。

在深化改革中，在市场经济体制下预算定额作为编制标底的依据和施工企业报价的基础的作用仍将存在，这是由于它本身的科学性和权威性决定的。

（5）预算定额是编制概算定额和估算指标的基础。

概算定额和估算指标是在预算定额基础上经综合扩大编制的，也需要利用预算定额作为编制依据，这样做不但可以节省编制工作中的人力、物力和时间，收到事半功倍的效果，还可以使概算定额和概算指标在水平上与预算定额一致，以避免造成执行中的不一致。

2.3.2 预算定额的内容和编排形式

1. 组成内容

预算定额手册由文字说明、定额项目表和附录三部分内容所组成。

（1）文字说明，这部分主要包括预算定额总说明、工程量计算规则、分部工程说明及分项工程定额表头说明。

1）预算定额总说明，这部分内容主要有：预算定额的适用范围、指导思想及目的作用；预算定额的编制原则、主要依据及上级下达的有关定额修编文件；使用本定额必须遵守的规则及适用范围；定额所采用的材料规格、材质标准，允许换算的原则；定额在编制过程中已经包括及未包括的内容；各分部工程定额的共性问题的有关统一规定及使用方法。

2）工程量计算规则，这部分主要是根据国家有关规定，对工程量的计算做出统一的规定。因为工程量是核算工程造价的基础，是分析园林工程技术经济指标的重要数据，是编制计划和统计工作的指标依据。

3）分部工程说明，这部分内容主要有：分部工程所包括的定额项目内容；分部工程各定额项目工程量的计算方法；分部工程定额内综合的内容及允许换算和不得换算的界限及其他规定；使用本分部工程允许增减系数范围的界定。

4）分项工程定额表头说明，这部分内容主要有：在定额项目表表头上方说明分项工程工作内容；本分项工程包括的主要工序及操作方法。

（2）定额项目表见表 2-2。

表 2-2 定 额 项 目 表

定额编号	定额名称	单位	基价	其 中		
				人工费	材料费	机械费

1）定额编号：分项工程定额编号（子目号）。

2）定额名称：分项工程定额名称。

3）单位：分项工程单位。

4）基价：预算价值（基价）。其中包括人工费、材料费、机械费。

5）人工费：人工表现形式。包括工日数量、工日单价。

6）材料费：材料（含构配件）表现形式。材料栏内一系列主要材料和周转使用材料名称及消耗数量。次要材料一般都以其他材料形式以金额"元"或占主要材料的比例表示。

7）机械费：施工机械表现形式。机械栏内有两种列法，常用的是列主要机械名称规格和数量，次要机械以其他机械费形式以金额"元"或占主要机械的比例表示。

（3）附录，附录列在定额手册的最后，其主要内容有建筑机械台班费用定额及说明，混凝土、砂浆配合比表，材料名称及规格表，定额材料、成品、半成品损耗率表等。附录内容主要作为定额换算和编制补充预算定额之用，是定额应用的重要补充资料。

2. 预算定额项目的编排形式

预算定额手册是根据园林结构及施工程序等按照章、节、子目等顺序排列，并有统一的编号。因各地区使用的园林定额不同，所以项目划分也有所不同。

（1）编排形式。

1）章，即分部工程，它是将单位工程中某些性质相近、材料大致相同的施工对象归纳在一起。如全国 1989 年《仿古建筑及园林工程预算定额》第一册《通用项目》共分为六章，即第一章土石方、打桩、围堰、基础垫层工程；第二章砌筑工程；第三章混凝土及钢筋混凝土工程；第四章木作工程；第五章楼地面工程；第六章抹灰工程。第四册《园林绿化工程》共分为四章，即第一章园林绿化工程；第二章堆砌假山及塑山工程；第三章园路及园桥工程；第四章园林小品工程。

2）节，即分项工程，在分部工程以下，又按工程性质、工程内容及施工方法、使用材料等分成许多分项工程。如第四册《园林绿化工程》第一章园林绿化工程中，分为整理绿化地、起挖乔木（带土球）、栽植乔木（带土球）、起挖乔木（裸根）、栽植乔木（裸根）、起挖灌木（带土球）、栽植灌木（带土球）、起挖灌木（裸根）、栽植灌木（裸根）、起挖竹类（散生竹）、栽植竹类（散生竹）、起挖竹类（丛生竹）、栽植竹类（丛生竹）、栽植绿篱、露地花卉栽植、草皮铺种等二十一分项。

3）在节以下，再按工程性质、规格、材料类型等分为若干项目。如第一章园林绿化工程中整理绿化地及起挖乔木（带土球）分项工程分为整理绿化地 $10m^2$、起挖乔木（带土球）土球直径在 20cm 以内、起挖乔木（带土球）土球直径在 30cm 以内、起挖乔木（带土球）土球直径在 40cm 以内、起挖乔木（带土球）土球直径在 120cm 以内等十一个子目。

在项目中还可以按其规格、不同材料等再细分许多子项目。如草皮铺种分项工程分为散铺、满铺、直生带和播种四个子目。

（2）编号方法，为了查阅使用定额方便，定额的章、节、子目都应有统一的编号。通常有三个符号和两个符号两种编号方法。

1）三个符号定额项目编号法，这是指用章—节—子目三个号码进行定额项目编号，其表现形式见图 2-2。

2）两个符号定额项目编号法，这是用章—子目两个号码进行定额编号，其表现形式见图 2-3。

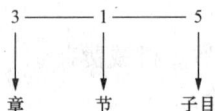

图 2-2　三个符号定额项目编号法　　　图 2-3　两个符号定额项目编号法

2.3.3　预算定额的应用

1. 预算定额的应用内容

预算定额的应用是根据实际工程要求，熟练地运用定额中的数据（主要是实物消耗量）进行相关计算，以获得所需要的信息。

归纳起来具体应用分为两个方面：一方面根据预算定额中的实物消耗量标准进行实际工程的人工、材料、机械消耗量的计算；另一方面，根据预算定额中的实物消耗量标准以及企业调查测算确定的人工、材料、机械单价进行实际工程直接工程费及施工技术措施费的计算。这些应用都建立在一个基础上，即能正确地套用定额，并针对实际工程的情况结合定额的有关规定进行综合分析、调整，最终准确地计算实物消耗量和工程造价。

2. 预算定额的套用

（1）直接套用，当施工图的设计要求与定额的项目内容完全一致时，则按定额的规定，直接套用定额。套用方法：直接套用定额项目中的基价、人工费、材料费、机械费、各种材料用量及各种机械台班消耗量，作为实际工程的计算依据。

【例 2-2】　某公园值班室现浇 C20 混凝土基础梁 $12.7m^3$，试计算完成该分项工程的直接费。

解：①查预决算定额书，确定定额的编号：4—134。

②计算分项工程直接费：

直接工程费＝工程量×基价，即：199.4×12.7＝2532.38 元

（2）换算后套用，当施工图纸的设计要求与定额项目内容不一致时，应按定额的有关规定，在允许范围内进行换算。套用方法：必须根据总说明、分部工程说明、附注等有关规定，在定额规定的范围内，用定额规定的方法加以换算，并在子目定额编号的尾部加一

"换"字。

定额的调整类型主要有以下几种。

1）砂浆的换算。定额规定因砂浆标号不同引起定额单价变动的砌筑砂浆或抹灰砂浆，必须进行换算。其换算公式为：

换算后定额基价＝换算前定额基价＋定额砂浆用量×（换入砂浆单价－换出砂浆单价）

【例 2-3】　某工程砖砌挡墙，设计要求 M7.5 混合砂浆，试计算该分项工程预算价格。

解：①确定换算定额的编号：3—30（M5 混合砂浆）。

价格为：1974 元/10m³，砂浆用量为：2.11/10m³（32.5 水泥）。

②确定换入、换出砂浆单价。

查定额附录表一：

M5 混合砂浆单价为 131.02 元/m³，M7.5 混合砂浆单价为 136.67 元/m³。

③计算换算单价。

$$3—30 换＝1974＋2.11×（136.67－131.02）＝1985.92 元/10m³$$

2）混凝土的换算。定额规定构件混凝土的用量不发生变化，只换算强度或石子品种。其换算公式为：

换算后定额基价＝换算前定额基价＋定额混凝土用量×（换入混凝土单价－换出混凝土单价）

【例 2-4】　某花坛基础混凝土，设计要求为 C25 混凝土现浇，试确定该花坛基础混凝土的单价。

解：①确定换算定额的编号：4—127（塑性混凝土 C20）。

价格为：1931 元/10m³，混凝土用量为：10.15 元/10m³。

②确定换入、换出混凝土单价（塑性混凝土）。

查定额附录表一：

C25 混凝土单价为 172.63 元/m³，C20 混凝土单价为 158.96 元/m³。

③计算换算单价。

$$4—127 换＝1931＋10.15×（172.63－158.96）＝2069.75 元/10m³$$

3）钢筋铁件的换算。在编制施工图预算时，当每个单位工程设计的钢筋铁件用量与定额钢筋铁件用量不相等时，必须对钢筋铁件量进行调整。钢筋量差调整及价差调整，不以个别构件为对象，而是以单位工程中所有不同类别钢筋混凝土构件的钢筋总量为对象进行调整。钢筋量差调整的公式如下：

钢筋调整量差＝单位工程设计钢筋净用量×（1＋损耗率）－单位工程定额钢筋消耗量

　　根据钢筋铁件增加定额计算调整费用。

4）定额的缺项补充。当分项工程的设计要求与定额的工作内容、材料规格、施工方法等条件完全不相符时，或者由于设计采用新结构、新材料及新工艺时，预算定额中没有这类项目，即属于定额缺项时，就应自行组价，临时补充定额。其方法不作要求。编制后的补充定额须经定额管理部门审核批准后执行。

3. 套用预算定额的注意事项

（1）根据施工图、设计说明、标准图做法说明，选择预算定额项目。

（2）应从工程内容、技术特征和施工方法上仔细核对，才能准确地确定与施工图相对应的预算定额项目。

（3）施工图中分项工程的名称、内容和计量单位要与预算定额项目相一致。

（4）理解应用的本质：是根据实际工程要求，熟练地运用定额中的数据进行实物量和费用的计算。并且要不拘泥于规则，在正确理解的基础上结合工程实际情况灵活运用。

（5）看懂定额项目表，定额项目表具体要素的解释见表2-3。

（6）重视依据：总说明、分部工程说明、附注。

表2-3　　　　　　　　　　　　　　定额项目表具体要素的解释

具体要素	解　　释
工作内容	仅列出了主要工序的名称，但定额已考虑了完成分项工程的全部工序
计量单位	主要是根据分项和结构构件形体特征变化规律而确定的。一般采用扩大倍数单位
项目名称	尽量简单、明了，注明材料做法
人工消耗	不分工种以综合人工工日数反映消耗量，单价按照人工综合类别确定
材料消耗	主要材料标明名称、规格、标号、等级，单价分别列出，次要、零星材料直接以其他材料费以金额"元"为单位表示
机械消耗	主要机械标明名称、型号，单价分别列出，中小型机械直接以其他机械费以金额"元"为单位表示
三费计算公式	$\sum$（消耗量×定额单价）
基　　价	人工费＋材料费＋机械使用费

实训一　园林工程预算定额的使用

1. 实训目的

通过实训，使学生掌握预算定额的查阅方法，正确套用定额项目。为以后工作和做好园林各企业经济管理打下坚实的基础。

2. 实训要求

根据施工图设计要求，对实际工程中的各分部分项工程按定额所在分部（章）——节——页码——定额项目——定额子目的顺序查找。

3. 实训内容

（1）材料准备：①审批后的施工图纸技术资料；②选用的预算定额工具书。

（2）方法步骤：①熟悉教师指定的分部分项工程施工图技术资料；②熟悉教师给定的项目表格；③按定额所在内容顺序进行正确查找，并填写其表格。

4. 实训报告

（1）要求学生每人完成一份实训报告。

（2）实训报告中除完成表格填写的内容外，还要写明实训全过程和中间发现的问题及处理方法。

（3）实训体会。

实训二　园林预算定额的具体应用

1. 实训目的

通过实训，使学生能正确地套用定额，并针对实际工程的情况结合定额的有关规定进行综合分析、调整，为以后能最终准确地计算实物消耗量和工程造价打下坚实基础。

2. 实训要求

根据施工图设计要求，对实际工程中的各分部分项工程定额进行正确套用和换算。

3. 实训内容

（1）材料准备：①审批后的施工图纸技术资料；②选用的预算定额工具书。

（2）方法步骤：①熟悉施工图纸，研究相关资料；②确定施工图纸中的各分部分项工程；③编制分部分项工程与其定额对应表格；④查阅定额工具书，按是否能直接套用定额，对确定后的分部分项工程进行划分；⑤换算不能直接套用的定额；⑥正确填写表格。

4. 实训报告

（1）要求学生每人完成一份实训报告。

（2）实训报告中除完成表格填写的内容外，还要写明实训全过程和中间发现的问题及处理方法。

（3）实训体会。

复 习 思 考 题

1. 简述园林工程预决算定额的概念及类型。

2. 简述概算定额与预算定额之间的差别。

3. 某砖墙面积为 $215m^2$，现对外砖墙面采用水泥砂浆抹灰，要求厚度达到 10mm，试套用相应工程定额计算出该工程的直接费。

第3章　园林工程量计算方法

知识要点
- 工程项目的划分
- 分项工程、分部工程的划分对园林工程概预算的意义

技能要点
- 园林工程量的计算

3.1　工程项目划分

为了便于计算园林工程的总体造价，我们根据组织施工的过程对一个完整的园林建设工程加以人为划分，由大到小，划分为建设项目、单项工程、单位工程、分部工程和分项工程。而分项工程是最简单的施工过程。通过计算一个个最简单的施工过程所消耗的人工费、材料费以及施工机械使用费，来完成整个园林建设项目费用的计算。

那么，园林建设项目到底是如何划分得呢？

1. 建设项目

具有一个总体设计任务书，并按照总设计意图统一进行施工，经济上实行独立核算，行政上由具有法人资格的建设单位实行独立管理，一般由一个或几个单项工程组成。例如，一个学院、一个公园、一个动物园就是一个建设项目。

通常我们把一个企业、事业单位的建设或一个独立工程项目的建设看做一个建设项目。凡属于一个总体设计，即使是分期分批建设的主体工程、水电安装工程、配套工程都应看做一个建设项目。不应把不属于一个总体设计的几个工程归为一个建设项目；也不能把同一个总体设计内的工程，按不同的施工单位分为几个建设项目。

2. 单项工程

具有独立的设计文件，能独立施工，竣工后能够独立发挥生产能力或使用效益的工程项目，是建设项目的组成部分。例如，教学楼是学院这个建设项目中的单项工程；码头、水榭和茶室分别是公园这个建设项目的三个单项工程；一个工厂中的某一车间或一个住宅小区中的某一幢楼都是构成该建设项目的单项工程。

有时一个建设项目只有一个单项工程，则此单项工程就是建设项目。

3. 单位工程

具有独立的设计文件，可以独立施工，但建成后不能独立发挥生产能力和使用效益的工程项目，是单项工程的组成部分。例如，某教学楼的土建工程、电气照明工程、给排水工程等都是教学楼这个单项工程的单位工程；而茶室中的给排水工程、电气照明工程都是茶室这个单项工程的单位工程。

一般情况下，我们所说的施工图预算是针对单位工程来编制的。

4. 分部工程

是单位工程的组成部分，一般情况下可以按建筑物或构筑物的结构部位来划分。例如：基础工程、墙体工程、楼地面工程、门窗工程等；也可以按工程工种来划分，例如：土方工程、混凝土及钢筋混凝土工程、木结构、抹灰工程等。

5. 分项工程

是对分部工程的细分。按照选用的施工方法的不同、使用材料的不同、结构构件规格的不同来划分，是能够用最简单的施工过程去完成的建设项目最基本的组成单元。例如：分部工程的基础工程可以划分为基槽开挖、基础垫层、基础砌筑、基础防潮层、基槽回填土及土方运输等分项工程项目。

分项工程和分部工程一样是不能称为施工项目的，只有建设项目、单项工程和单位工程的施工才能称作施工项目。但是分项工程的划分使我们可以按照一定的计量单位，通过适当的计算方法，计算消耗在其中的人工、材料及机械的使用费用。因此，这一概念虽然没有实际意义，却在建设工程概预算、建设工程成本核算等方面有重要作用。

3.2 园林工程量计算的原则及步骤

园林工程包括三大部分内容：绿化工程、园路园桥假山工程、园林景观工程。其中，绿化工程包括绿地整理和栽植花木两部分内容；园路园桥假山工程包括园路桥工程、堆塑假山和驳岸三部分内容；园林景观工程包括原木、竹构件、亭廊屋面、花架、园林桌椅、喷泉安装和杂项。

3.2.1 工程量计算原则

1. 工程量的概念

工程量是把设计图纸中的具体工程或结构构件按照定额规定的分项工程子目以一定的物理单位和自然单位表示出的具体数量。

物理单位是以分项工程或构件的物理属性为计量单位，例如：长度单位用米、面积用平方米、体积用立方米、重量用千克等。

自然单位是以分项工程或构件的自然实体为单位，例如：组、台、套、株等。

2. 工程量的计算原则

列项名称要正确，要与定额中相应的子目项名称一致；工程量计算规则要一致，要与定额的要求一致；计量单位要一致，要与定额上的单位统一；还要注意计算精度要前后一致。

在计算工程量时，即要快速准确，又要计算有序，即要不漏不重，又要便于审核。计算工程量时要按一定的规律和顺序进行，一般来说，即可以按照施工的先后顺序计算工程量，也可以按照定额编排的顺序列项，以不漏不重列项为大前提。

3.2.2 工程量计算的步骤

（1）首先要熟悉图纸及相关资料。

（2）依据设计图纸的详细尺寸准确计算工程量。

（3）要熟悉定额，把握定额的相关要求。

（4）按照定额要求列出单位工程分项工程项目名称。

（5）按照定额要求调整工程量的计量单位，使计算结果与计量单位协调。

3.3 绿化工程量计算

绿化工程包括绿地整理和栽植花木两部分内容。其中绿地整理包含七部分内容，分别为：伐树、挖树根；砍挖灌木丛；挖竹根；清除草皮；整理绿化用地；屋顶花园基底处理；筛土、人工运土。栽植花木包含栽植乔木、灌木、棕榈类、绿篱、竹类、攀缘植物、色带、花卉、水生植物；铺种草皮；树木假植；树木管理、养护、浇水及病虫害防治等24部分内容。

3.3.1 工程量计算相关规定

（1）绿地喷灌设施管道安装按《C. 安装工程》相应子目计算。

（2）苗木计量应符合下列规定。

1）"胸径（干径）"应为地表面向上乔木1.2m高处树干的直径。

2）"株高"应为地表面至树顶端的高度。

3）"冠丛高"应为地表面至灌木顶端的高度。

4）"篱高"应为地表面至绿篱顶端的高度。

5）"养护期"为绿化植物种植后需要浇水、施肥、打药等保证植物成活需要的养护时间。

3.3.2 工程量计算原则

1. 绿地整理

（1）对挖土外运（运距超过50m）、借土回填，整理绿地超过300mm厚度的挖填工程量要单独计算。

（2）在屋顶花园基底处理时如果发生水平及垂直运输费用，要单独计算。

（3）屋顶花园基底处理项目做法多样，在定额中仅包括了1：3水泥砂浆找平（找坡）层20厚，SBS防水卷材层一层，1：2.5水泥砂浆排水（保护）层20厚，过滤层炉渣100厚，轻质土铺蛭石100厚一种。工序中包括闭水试验，安埋透水管、排水口等。如果设计不同，要按实计算。

2. 栽植花木

（1）绿化工程以原土回填为准，若需换土（即将树木不易成活的原坑土不用，再运种植土到坑边），按"换土"计算。

（2）树木栽植后，需要使用支撑的，按实际使用情况计算相应工程量。

（3）树木因季节、气候原因，树干需要缠绕草绳者，按实际情况计算相应工程量。定额中起挖带土球乔（灌）木、竹类子目中草绳的材料消耗量，主要用于包扎土球根盘。

（4）散铺草皮的草皮面积按实际绿化面积的30%计算，草皮损耗按10%计算；工程量按铺种面积计算，不扣除空隙面积；满铺草皮按实际绿化面积计算。

（5）绿篱、攀缘植物、花草等需要计算"起挖"项目时，参照灌木起挖计算原则计算；棕榈类不带土球者的起挖栽植根据其高度按相应的裸根乔、灌木计算原则计算。

（6）对苗木花卉的价格，要按实际价格计算。

（7）对特大、名贵及古树木的起挖和栽植，发生时，按实计算。

（8）栽植花木项目中带土球花木的包扎材料定额已按草绳、麻袋（片）综合考虑，无论是用稻草、塑料编织袋（片）和塑料简易花盆等包扎者，均不得换算。

（9）绿化工程已包括种植前的准备和种植过程中的工料、机械费用，以及花坛和草皮栽培工作。起挖带土球乔、灌木及挖树坑土方的人工费已包括在内，不另行计算。

（10）绿化工程已包括施工后绿化地周围 2m 以内的清理工作，不包括种植前清除垃圾及其他障碍物，障碍物及种植前后的垃圾场外运输应另行计算。

（11）绿化工程包括施工点 50m 范围内的搬运，若超过时，另行计算超运距费用，同时不扣减 50m。

3.3.3 工程量计算方法

1. 绿地整理

（1）伐树、挖树根按树干的胸径以株为单位计算。

（2）砍挖灌木丛按冠丛高度范围以丛为单位计算。

（3）挖散生竹根按胸径范围以株为单位计，挖丛生竹按根盘丛径范围以丛为单位计算。

（4）清除草皮、整理绿化用地和屋顶花园基底处理均以"m²"为单位计算。

（5）筛土、人工运土按实体积以"m³"为单位计算。

2. 栽植花木

（1）起挖、栽植裸根乔木及大树按胸径范围以株为单位计算。

（2）起挖、栽植丛生竹按根盘丛径范围以株为单位计算；起挖、栽植散生竹按胸径范围以株为单位计算。

（3）起挖、栽植棕榈类按带土球直径范围以株为单位计算。

（4）起挖、栽植裸根灌木按冠丛高度范围以株为单位计算，起挖、栽植带土球乔、灌木及大树按土球直径范围以株为单位计算。

（5）栽植绿篱不论单双排均以米为单位计算。

（6）栽植色带、花卉、铺种草皮及喷播植草均以"m²"为单位计算。

（7）树木支撑分单桩、一字桩、三角桩、四角桩以株为单位计算。

（8）草绳绕树干按树干胸径的范围不同以"m"为单位计算。

（9）树木管理中松土、施肥、修剪及防寒涂白均以株为单位计算；草皮养护以"m²"为单位计算。

（10）浇水按运距不同以"m³"为单位计算，病虫害防治按打药的重量以吨为单位计算。

3.4 园林附属小品工程量计算

园林附属小品工程包括以下六部分的内容：原木、竹构件；亭廊屋面；花架；园林桌椅；喷泉安装；杂项。

其中原木、竹构件包含原木柱、梁、檩、缘，原木墙，树枝吊挂楣子三部分。亭廊屋面包含草屋面、树皮屋面、现浇混凝土斜屋面板、现浇混凝土攒尖亭屋面板、就位预制混凝土攒尖亭屋面板五部分。花架包含现浇混凝土花架、预制混凝土花架、木花架和金属花架四部分。园林桌椅包含木制飞来椅，钢筋混凝土飞来椅，预制混凝土桌椅，石桌石椅，塑料、铁艺、金属椅五部分。喷泉安装包含喷泉管道、喷泉电缆及喷泉过滤器及喷头设备安装三部分内容。最后一项杂项包含塑树皮梁、柱，塑竹梁、柱，花坛铁艺栏杆，石浮雕，石镌字，砖石砌小摆设，堆塑装饰，砖墙砖柱，围墙瓦顶，玻璃瓦屋面，屋脊头，屋脊，古式木窗，古式木门，苏式彩画十五项内容。

3.4.1　工程量计算相关规定

（1）在这部分工程量计算中，如果有独立的挖土石方和基础工程，张拉膜结构的亭、廊工程，柱顶石（磉磴石）、木柱、木屋架、钢柱、钢屋架、屋面木基层和防水层等工程，要按《A. 建筑工程》相关项目要求计算工程量。

（2）园林小摆设是指果皮箱、放置盆景的须弥座、匾额、花瓶、花盆、石鼓、坐凳及小型水盆、花坛、花池等。

（3）原木、竹构件中的原木柱、梁、檩、椽适用于圆形木构件。

（4）亭廊屋面。

1）树皮、麦草、山草、茅草等屋面，不包括檩、椽，要另行计算工程量。

2）"屋面板带椽子"项目的板厚，不包括椽子的厚度。

3）预制不带椽子屋面板和彩色压型钢板亭屋面按《A. 建筑工程》中相关项目要求计算工程量。

（5）圆形桌椅。

1）木制飞来椅制作安装包括扶手、靠背及在坐凳平盘上凿卯眼，与柱拉结的铁杆安装用工也已经包含在内。

2）现浇混凝土飞来椅只包括扶手、靠背、平盘，预制靠背条要另行计算。

（6）杂项。

1）"树身和树根连塑"及"树头和树根连塑"要分别计算工程量。

①钢筋混凝土制作的树身芯，按现浇柱项目要求计算工程量，钢筋混凝土制作的树桩芯，按零星构件项目要求计算工程量；若是砖砌的，按砖砌园林小摆设项目要求计算工程量。

②树身（头）塑树皮，根据"塑树皮"项目要求按展开面积计算工程量。

③塑树根根据"塑树根"项目要求按延长米计算工程量。

2）石浮雕应按表3-1要求分类：

表3-1　　　　　　　　　　　石 浮 雕 分 类 表

浮雕种类	加 工 内 容
阴线刻	首先磨光磨平石料表面，然后以刻凹线（深度在2～3mm）勾画出人物、动植物或山水

续表

浮雕种类	加 工 内 容
平浮雕	首先扁光石料表面，然后凿出堂子（凿深在 60mm 以内），凸出欲雕图案，案凸出的平面应达到"扁光"，堂子达到"钉细麻"
浅浮雕	首先凿出石料初形，凿出堂子（凿深在 60～200mm 以内），凸出欲雕图案，再加上雕饰图形，使其表面有起伏，有立体感，图形表面应达到"二遍剁斧"，堂子达到"钉细麻"
高浮雕	首先凿出石料初形，然后凿掉欲雕图形多余部分（凿深在 200mm 以上），凸出欲雕图案，再细雕图形，使之有较强的立体感（有时高浮雕的个别部位与堂子之间镂空），图形表面应达到"四遍剁斧"，堂子达到"钉细麻"或"扁光"

3）独立须弥座超过 500mm 时，按台基须弥座项目要求计算工程量。

4）阴包阳刻字，一般用于碑镌字，字体笔画四边阴刻，形成字体笔画凸出的效果。

5）彩画中绘制白活是指在包袱心、枋心、池子心、聚锦心内的白地上绘画山水、翎毛、人物、花卉等国画的作法。

3.4.2 工程量计算原则

1. 原木、竹构件

原木柱、梁、檩按设计图示体积计算，包括榫长；原木椽按设计长度计算。

2. 亭廊屋面

（1）树皮、草类屋面按设计图示尺寸按实面积计算。

（2）现浇混凝土斜屋面板及攒尖亭屋面板按设计图示尺寸以实体积计算，混凝土屋脊并入屋面体积内。

（3）预制混凝土屋面板按设计图示尺寸以实体积计算，混凝土屋脊并入屋面体积内。

（4）现浇和预制带椽子的屋面板，其板和椽子工程量合并计算。

3. 园林桌椅

（1）木制飞来椅按设计图示尺寸以坐凳面中心线长度为准计算。

（2）现浇混凝土飞来椅按图示尺寸计算其实体积。

（3）现浇彩色水磨石飞来椅按坐凳面中心线长度计算。

4. 杂项

（1）塑树皮（竹）梁、柱按设计图示尺寸按梁柱外表面积计算。

（2）塑树根或塑竹按不同直径计算长度；塑楠竹及金丝竹直径超过 150mm 时，按展开面积计算，列入塑竹内。

（3）花坛铁艺栏杆按设计图示尺寸计算其面积。

（4）预制花坛栏杆按设计图示尺寸计算其长度。

（5）石浮雕按设计图示尺寸计算雕刻部分外接矩形的面积。

（6）石镌字按实际计算其数量。

（7）砖石砌小摆设按设计图示尺寸计算体积。

（8）砖檐按其所在墙的中心线计算长度。

（9）花瓦什锦窗按框外围面积计算。

（10）项目中所注明的木材断面或厚度均以毛料为准，如设计图纸注明的断面或厚度为净料时，应增加刨光损耗，板、方材一面刨光增加 3mm，两面刨光增加 5mm，圆木每立方米体积增加 0.05m³。

3.4.3　工程量计算方法

（1）原木柱、梁、檩按设计图示尺寸以"m³"为单位计算，包括榫长；原木椽以"m"为单位计算。

（2）树皮、草类屋面按设计图示尺寸以"m²"为单位计算。

（3）现浇和预制的混凝土斜屋面板及攒尖亭屋面板按设计图示尺寸以"m³"为单位计算，包括混凝土屋脊。

（4）现浇和预制带椽子的屋面板，其板和椽子工程量合并以"m³"为单位计算。

（5）木制和现浇彩色水磨石飞来椅按设计图示坐凳面中心线长度以"m"为单位计算。

（6）现浇混凝土飞来椅按图示尺寸以"m³"为单位计算。

（7）塑树皮（竹）梁、柱按设计图的梁柱外表面积以"m²"为单位计算。

（8）塑树根或塑竹按不同直径以"m"为单位计算；塑楠竹及金丝竹直径大于 150mm 时，按展开面积以"m²"为单位计算，列入塑竹内。

（9）花坛铁艺栏杆按设计图示尺寸以"m²"为单位计算；预制花坛栏杆以"m"为单位计算。

（10）石浮雕按设计雕刻部分外接矩形以"m²"为单位计算；石镌字按实际数量以"个"为单位计算。

（11）砖石砌小摆设按设计图示尺寸以"m³"为单位计算。

（12）砖檐按其所在墙的中心线长度以"m"为单位计算。

（13）花瓦什锦窗按框外围面积以"m²"为单位计算。

3.5　园路、园桥、假山工程的计算

园路园桥假山工程包括园路桥工程、堆塑假山工程和驳岸工程三部分内容。其中园路桥工程包含园路、路牙铺设、树池盖板安装、嵌草砖铺设、石桥基础、石桥墩石桥台、拱旋石制作安装、石旋脸制作安装、金刚墙砌筑、石桥面铺砌、石桥面檐板、仰天石地伏石、石望柱、石栏杆扶手、栏板抱鼓、木制步桥及石料加工等十七部分；堆塑假山工程包含堆筑土山丘、堆砌石假山、塑假山、石笋安装、点风景石、池石盆景山、山石护角及石台阶等八部分；驳岸工程包含石砌驳岸、原木桩驳岸、散铺砂卵石护岸及人工打桩等四部分。

3.5.1　工程量计算相关规定

（1）本部分适用范围：公园、小游园、庭院的园路、园桥、假山、水面驳岸。

（2）园路、园桥、假山（堆筑土山丘除外）、驳岸工程等的挖土方、开凿石方、回填等

应按《D. 市政工程》相关项目要求计算工程量。

（3）如遇某些构件使用钢筋混凝土或金属构件时，应按《D. 市政工程》或《A. 建筑工程》相关项目要求计算工程量。

（4）园桥、路面工程。

1）园路、园桥、路面以传统作法为准，其他做法的园路、园桥、路面按《D. 市政工程》、《B. 装饰工程》相关项目要求计算。

2）园路路面的做法包括了结合层，不包括垫层，垫层按《D. 市政工程》相关项目要求计算。

3）块料面层的规格按设计图计算。

4）路沿、路牙材料与路面相同时，其工料、机械已包括在子目内，若路沿、路牙用料与路面不同时，应另行计算。

5）砖地面、卵石地面和瓷片地面的工作内容包括了砍砖、筛选、清洗石子和瓷片等工序。

6）满铺卵石拼花地面，指用卵石拼花。若在满铺卵石地面中用砖、瓦瓷片拼花时，拼花部分按相应的路面定额计算，定额人工乘以系数1.5。

7）满铺卵石地面，若需分色拼花时，定额人工乘以系数1.2。

8）石桥面砂浆嵌缝已包括在定额内，不得另行计算。

9）栏板望柱制定如为斜形或异形时，其定额人工费乘以系数1.2。

10）地伏石项目综合了凿柱根卡口用工。

（5）假山工程。

1）堆砌假山、塑假石山、自然式驳岸定额项目内均未包括基础，基础按《D. 市政工程》定额要求执行。

2）钢骨架塑假石山的定额中未包括钢骨架工料费，应按《A. 建筑工程》"现浇构件钢筋制安"定额项目执行。

3）砖骨架塑假石山，如设计要求做部分钢骨架时，应另行计算。

4）定额中的铁件用量与实际不同时，可以调整。

5）叠山是园林中以数量较多的山石堆叠而成的具有天然山体形态的假山造型。又称"迭石"（叠石）或"山"，一般称堆砌假山。

6）塑石是将普通石（砖）材，堆砌作为芯料，用钢筋、铁件、铅丝伸入绑扎形成骨架（胚胎），然后用形状自然、具有纹理皱褶的石块（或石片）连镶带贴，或用掺有矿物颜料的水泥砂浆抹面，经过工艺加工塑造成各式雄浑圆润的"石品"，亦称人工仿石或拟石。

7）石笋是园林中观赏石品之一，北方称"剑石"，是形体修长如笋似剑的山石的总称。

8）点石是园林叠石造景方式之一，用少量具有个性的山石零星散布、点缀成景，而不要求具备完整的山形，以欣赏山石个体姿（形）态或组合状貌为主，通常可观不可游。

（6）驳岸。

1）规则式驳岸按《建筑工程》相关项目计算。

2）本章卵石护岸适用于满铺卵石护岸，不适用于点布大卵石护岸。

3.5.2 工程量计算原则与方法

1. 园路桥工程

（1）各种园路按设计图示尺寸以"m^2"计算。

（2）园路垫层按设计图示尺寸乘以厚度，以"m^3"计算。

（3）园桥：基础、桥台、桥墩、护坡均按设计图示尺寸，以"m^3"计算；石桥面按"m^2"计算。

（4）园路地面，应扣除 $0.5m^2$ 以上的佛座、树池、花坛、沟盖板、须弥座、照壁、香炉基座及其他底座所占面积。

（5）墁石子地面不扣除砖、瓦条拼花所占面积。若砌砖芯时，应扣除砖芯所占面积。

（6）卵石拼花、拼字，均按其实际面积计算。

（7）贴陶瓷片按实铺面积计算，瓷片拼花、拼字按其外接矩形或圆形面积计算，工程量乘以系数 0.8。

（8）路牙铺设、树池围牙按设计图示尺寸以"m"计算。

（9）嵌草砖铺装按设计图示尺寸以"m^2"计算。

（10）拱旋石、碹脸石制安按设计图示尺寸以"m^3"计算。

（11）仰天石、地伏石按设计图示尺寸以"m^3"计算，不扣除望柱卡口所占体积。

（12）石望柱按设计图示数量以"根"计算。

（13）现浇混凝土栏杆、栏板及预制栏杆条、栏板按设计图示尺寸以"m^3"计算；预制栏杆芯按框外围面积以"m^2"计算。

（14）石作抱鼓按设计图示数量以"块"计算。

（15）石作栏板按望柱边间的图示尺寸以"m^2"计算。

2. 堆砌假山及塑假石山工程

（1）堆砌假山的工程量按实际使用石料数量以"吨"计算。计算公式：堆砌假山工程量(t)＝进料的验收数量－进料验收的剩余数量。如无石料进场验收数量，可按现场实测计算。

（2）塑假山石的工程量按表面积以"m^2"计算。

（3）墙（砖、混凝土）面人工塑石的工程量计算：

锚固钢筋：按设计图示长度以理论质量（吨）计算。

砖胎：按实际施工数量以"m^3"计算。

抹面：按实际完工表面积计算。

（4）点风景石及单体孤峰按单体石料体积（取其长、宽、高各自的平均值）乘以石料比重以"吨"计算。

（5）堆筑土山丘按设计图示以体积计算。

（6）石笋按设计图示数量以"支"计算。

（7）山坡石台阶按设计图示尺寸以水平投影面积计算。

3. 驳岸

（1）石砌驳岸按设计图示尺寸以"m^3"计算。

（2）原木桩驳岸按设计图示尺寸以桩长度（包括桩尖）乘以截面积以"m³"计算。

（3）铺砂卵石护岸按设计图示尺寸平均护岸宽度乘以长度以"m²"计算。

实训　绿化工程量及园路工程量的计算

1. 实训的性质与任务

绿化工程量实训是在园林绿化工程量计算课结束后，对学生进行的一次实践性教学环节。学生通过这次实训，自己亲自动手实际操作，掌握绿化工程及园路工程量计算的操作步骤、操作要领，为以后的毕业实践及毕业后从事相关工作打下坚实基础。

2. 课程教学目标

（1）知识目标

1）掌握绿化工程及园路工程量计算的基本理论和程序。

2）了解绿化工程及园路工程在工艺、机具、材料方面的发展现状。

（2）能力目标

1）基本掌握实训所涉及绿化工程及园路工程量计算的一般技能。

2）初步具备绿化工程及园路工程量计算的基本能力。

（3）德育目标

1）培养学生树立吃苦耐劳、勤奋向上的工作态度。

2）学习与合作伙伴之间相互协调、互相尊重的工作素质。

3. 实训内容

（1）实际测量，绘制草图。在校园场区内选取一角（长 50m，宽 20m 左右），场区内要有植物，包括各类乔木与灌木，要有小品类建筑，如花架、花坛等，要有园路若干。组织学生实地测量，并绘出草图。

（2）绘制平立剖面图。根据实测尺寸及现场绘制的草图，绘制施工图，包括平面图、立面图、剖面图及节点详图。

（3）计算工程量。根据所绘平面图、立面图和剖面图，计算园林绿化工程与园路工程的工程量。要求有计算式，要交代尺寸来源，并形成工程量计算表。

复习思考题

1. 以某建设项目为例进行工程项目的细分。

2. 熟记工程计算步骤。

第 4 章　园林工程施工图预算

知识要点

- 园林工程施工图预算编制的程序
- 园林工程施工图预算费用的计算
- 园林工程施工图预算编制的方法与步骤

技能要点

- 编制预算书

编制园林工程图预算，就是根据拟建园林工程已批准的施工图纸和既定的施工方法，按照国家或省市颁发的工程量计算规则，分布分项地把拟建工程各工程项目的工程量计算出来，在此基础上，逐项地套用相应的先行预算定额，从而确定其单位价值，累计其全部直接费用，再根据规定的各项费用的取费标准，计算出工程所需的间接费，最后，综合计算出该单位工程的造价和技术经济指标。另外，再根据分项工程量分析材料和人工用量，最后汇总出各种材料和用工总量。

4.1　园林工程施工图预算费用的组成

组成园林建设工程造价的各项费用，除定额直接费是按设计图纸和预算定额计算外，其他的费用项目，应根据国家及地区制定的费用定额及有关规定计算。一般都采用工程所在地区的地区统一定额。间接费额与预算定额一般应该配套使用。

园林建设工程预算费用由直接费、间接费、差别利润、税金和其他费用五部分组成。

4.1.1　直接费

施工中直接用在工程上的各项费用的总和称为直接费。是根据施工图纸结合定额项目的划分，以每个工程项目的工作量乘以该工程项目的预算定额单价来计算。直接费包括人工费、材料费、施工机械使用费和其他直接费。

1. 人工费

人工费是指直接从事工程施工的生产工人开支的各项费用。

（1）基本工资：是指发放生产工人的基本工资。

（2）工资性补贴：是指按规定标准发放的冬煤补贴、住房补贴、流动施工津贴等。

（3）生产工人辅助工资：是指生产工人有效施工天数以外非作业天数的工资，包括职工学习、培训期间的工资，调动工作、探亲、休假期间的工资，因气候影响的停工工资，女工哺乳期间的工资，病假在六个月以内的工资及婚、丧、产假期间的工资。

（4）职工福利费：是指按规定标准计提的职工福利费。

（5）生产工人劳动保护费：是指按规定标准发放的劳动保护用品的购置费及修理费、徒工服装补贴、防暑降温费、在有碍身体健康环境中施工的保健费用等。

2. 材料费

材料费是指施工过程中耗用的构成工程实体的原材料、辅助材料、构配件、零件、半成品的费用和周转使用材料的摊销（或租赁）费用。

（1）材料原价（或供应价）。

（2）销售部门手续费。

（3）包装费。

（4）材料自来源地运至工地仓库或指定堆放地点的装卸费、运输费及途中损耗等。

（5）采购及保管费。

3. 施工机械使用费

施工机械使用费是指完成园林工程所需消耗的施工机械台班量，按相应机械台班费定额计算的施工机械所发生的费用。

机械使用费一般包括第一类费用：机械折旧费、大修理费、维修费、润滑材料费及擦拭材料费、安装、拆卸及辅助设施费、机械进出场费等；第二类费用：机上工人的人工费、动力和燃料费以及公路养路费、牌照税及保险费等。

4. 其他直接费

其他直接费是指直接费以外施工过程中发生的其他费用。

（1）冬、雨期施工增加费。

（2）夜间施工增加费。

（3）二次搬运费。

（4）生产工具用具使用费：是指施工生产所需不属于固定资产的生产工具及检验、试验用具等的购置、摊销和维修费，以及支付给工人自备工具的补贴费。

（5）检验试验费：是指对建筑材料、构件和建筑安装物进行一般鉴定、检查所发生的费用，包括自设实验室进行试验所耗用的材料和化学药品等费用，以及技术革新和研究试制试验费。

（6）工程定位复测、工程点交、场地清理等费用。

4.1.2 间接费

间接费是指园林绿化施工企业为组织施工和进行经营管理以及间接为园林工程生产服务的各项费用。按国家现行的有关规定，间接费包括内容如下。

1. 施工管理费

施工管理费是指施工企业为了组织与管理园林工程施工所需要的各项管理费用，以及为企业职工服务等所支出的人力、物力和资金的费用总和。施工管理费包括以下内容。

（1）工作人员工资：指施工企业的政治、经济、试验、警卫、消防、炊事和勤杂人员以及行政管理部门人员等的基本工资、辅助工资和工资性质的津贴。

（2）工作人员工资附加费：指按国家规定计算的支付工作人员的职工福利基金和工会经费。

（3）工作人员劳动保护费：是按国家有关部门规定标准发放的劳动保护用品的购置费、

维修费及其保健费与防暑降温费等。

（4）职工教育经费：指按财政部有关规定在工资总额 1.5% 的范围内掌握开支的在职职工教育经费。

（5）办公费：指行政管理办公用的文具、纸张、账表、印刷、邮电、书报、会议、水电、烧水和集体取暖（包括现场临时宿舍取暖）用燃料等费用。

（6）差旅交通费：指职工因公出差、调动工作（包括家属）的差旅费、住勤补助费、市内交通费和误餐补助费，职工探亲路费、劳动力招募费，职工离退休、退职一次性路费，工伤人员就医路费、工地转移费以及行政管理部门使用的交通工具的油料、燃料、养路费及车船使用税等。

（7）固定资产使用费：指行政管理和试验部门使用的属于固定资产的房屋、设备、仪器等的折旧基金、大修理基金、维修、租赁费以及房产税、土地使用税等。

（8）行政工具用具使用费：指行政管理使用的、不属于固定资产的工具、器具、家具、交通工具和检验、试验、测绘、消防用具等的购置、摊销和维修费。

（9）利息：指施工企业在按照规定支付银行的计划内流动资金贷款利息。

（10）其他费用：指上述项目以外的其他必要的费用支出。包括支付工程造价管理机构的预算定额等编制及管理经费、定额测定费、支付临时工管理费、民兵训练、经有关部门批准应由企业负担的企业性上级管理费、印花税等。

2. 其他间接费

其他间接费是指超过施工管理费所包括内容以外的其他费用。

（1）临时设施费：施工企业为进行园林工程施工所必需的生活和生产用的临时建筑物、构筑物和其他临时设施费用等。

临时设施包括：临时宿舍、伙房文化福利及公用事业房屋与构筑物，仓库、办公室、加工厂以及规定范围内道路、水、电、管线等临时设施和小型临时设施。

临时设施费用包括：临时设施的搭设、维修、拆除废和摊销费。

（2）劳动保险基金：指国有施工企业由福利基金支出以外的、按劳保条例规定的离退休职工的费用和 6 个月以上病假工资及按照上述职工工资总额提取的职工福利基金。

4.1.3 差别利润

差别利润是指施工企业按国家有关规定，在工程施工中向建设单位收取的费用，是施工企业职工为社会劳动所创造的那部分价值在建设工程造价中的体现。在社会主义市场经济体制下，企业参与市场的竞争，在规定的差别利润范围内，可自行确定利润水平。

4.1.4 税金

税金是指由施工企业按国家规定计入建设工程造价内，由施工企业向税务部门缴纳的营业税、城市建设维护税及教育附加税。

4.1.5 不可预见费用

不可预见费用是指在现行规定内容中没有包括、但随着国家和地方各种经济政策的推行而在施工中不可避免地发生的费用，如各种材料价格与预算定额的差价，构配件增值税等。一般来讲，材料差价是由地方政府主管部门颁发的，以材料费或直接费乘以材料差价系数计算。

除了以上五种费用构成园林建设工程预算费用之外，有些工程复杂、编织预算中未能预先计入的费用，如变更设计、调整材料预算单价等发生的费用，在编制预算中列入不可预计费一项，以工程造价为基数，乘以规定费率计算。

4.2 园林工程施工图预算的计算程序

1. 准备工作

（1）熟悉并掌握预算定额的适用范围、具体内容、工程量计算规则和计算方法、应取费用项目、费用标准和计算方式。

（2）熟悉施工图及设计说明。

（3）了解施工方案中的有关内容，主要包括：

1）工期要求，施工进度计划。

2）劳动定额及劳动力计划。

3）材料消耗定额及材料计划。

4）施工机械定额及使用计划。

5）主要施工技术。

6）施工组织措施。

（4）准备有关预算定额、各项费用的取费标准、材料预算价格表、预算调价文件和地方有关技术经济资料等。

2. 参加技术交底，解决疑难问题

在编制预算之前，必须对设计图纸和设计说明书进行全面细致地熟悉和审查，全面了解及掌握设计意图和工程全貌，以免在预算时发生错误。

3. 现场踏勘

对拟施工的现场进行实际勘察，做细致的了解，看设计图纸是否与施工现场的实际情况一致。

4. 划分工程项目、计算工程量

工程项目的划分及工程量的计算，必须根据设计图纸和施工说明书提供的工程构造、设计尺寸和做法要求，结合施工现场和施工条件，按照预算定额的项目划分、工程量的计算规则和计量单位的规定，对每个分项工程的工程量进行具体计算。它是工程预算编制工作中最繁重、细致的重要环节，工程量计算的正确与否将直接影响预算的编制质量和速度。

5. 确定工程项目

在熟悉施工图纸及施工组织设计的基础上，根据工程的内容，结合施工现场的施工条件，严格按照定额的项目确定工程项目，为了防止丢项、漏项的现象发生，在编项目时应首先将工程分为若干分部工程。如：基础工程，主体工程，门窗工程，园林建筑小品工程，水景工程，绿化工程等。

6. 计算工程量

在确定了工程项目的基础上，严格按照定额规定和工程量计算规则，以施工图所注位置及尺寸为依据进行工程量计算。

7. 确定单位预算价值

填写预算单价时要严格按照预算定额中的子目及有关规定进行，使用单位要正确，每一分项工程的定额编号以及工程项目名称、规格、计量单位、单价均应与定额要求相符，要防止错套，以免影响预算的质量。

8. 计算工程直接费

单位工程直接费是各个分部分项工程直接费的总和，是用分项工程量乘以预算定额工程预算单价而求得的。

9. 计算其他各项费用

单位工程直接费计算完毕，既可计算其他直接费、间接费、计划利润、税金等费用。

10. 计算工程预算总造价

汇总工程直接费、其他直接费、间接费、计划利润、税金等费用，最后求得工程预算总造价。

11. 工料分析

工料分析是在编写预算时，根据分部分项工程项目的数量和相应定额中的项目所列的用工及用料的数量，算出各工程项目所需的人工及用料数量，然后进行统计汇总，计算出整个工程的工料所需数量。

12. 校对

工程预算编制完毕后，应由有关人员对预算的各项内容进行全面核对，消除差错，保证工程预算的准确性。

13. 编写"工程预算书的编制说明"，填写工程预算书的封面并装订成册

工程预算书编制说明一般包括：工程概括、编制依据、其他有关说明。

工程预算封面通常需填写的内容有：工程编号、工程名称、建设单位名称、施工单位名称、建设规模、工程预算造价、编制单位及日期等。

14. 复核、签章及审批

工程预算编制出来后，由本企业的有关人员对所编制预算的主要内容及计算情况进行一次全面检查核对，以便及时发现可能出现的差错并及时纠正，提高工程预算的准确性，审核无误经上级机关批准后送交建设单位和建设银行审批。

4.3 园林工程施工图预算费用的计算方法

园林建设工程施工图预算费由直接费、间接费、利润、税金和其他费用五部分组成。

4.3.1 直接费的计算

直接费由人工费、材料费、施工机械使用费和其他直接费等组成。

直接费的计算可用下式表示：

$$直接费 = \sum(预算定额基价 \times 项目工程量) + 其他直接费$$

$$或 \quad 直接费 = \sum(预算定额基价 \times 项目工程量) \times (1 + 其他直接费费率)$$

1. 人工费

人工费的计算，可用下式表示：

$$人工费＝\sum(预算定额基价人工费\times 项目工程量)$$

2. 材料费

材料费的计算，可用下式表示：

$$材料费＝\sum(预算定额基价材料费\times 项目工程量)$$

3. 施工机械使用费

施工机械使用费的计算，可用下式表示：

$$施工机械使用费＝\sum(预算定额基价机械费\times 项目工程量)＋施工机械进出场费$$

4. 其他直接费

其他直接费是指在施工过程中发生的具有直接费性质但未包括在预算定额之内的费用。其计算公式如下：

$$其他直接费＝(人工费＋材料费＋机械费)\times 其他直接费费率$$

4.3.2　其他各项取费的计算

单位工程直接费计算出来之后，即可进行间接费、计划利润、税金等费用的计算。

1. 间接费

间接费包括施工管理费和其他间接费。

施工管理费与其他间接费的计算，是用直接费分别乘以规定的相应费率。其计算可用下式表示：

$$施工管理费＝直接费\times 施工管理费费率$$
$$其他间接费＝直接费\times 其他间接费费率$$

由于各地区的气候、社会经济条件和企业的管理水平等的差异，导致各地区各项间接费费率不一致，因此，在计算时，必须按照当地主管部门制定的标准执行。

2. 利润

利润的计算，是用直接费与间接费之和乘以规定的利润率，其计算可用下式表示：

$$利润＝(直接费＋间接费)\times 利润率$$

3. 税金

根据国家现行规定，税金是由营业税税率、城市维护建设税税率、教育费附加三部分构成。应纳税额按直接工程费、间接费、差别利润及差价四项之和为基数计算。根据有关税法计算税金的公式如下：

$$应纳税额＝不含税工程造价\times 税率$$

含税工程造价的公式如下：

$$含税工程造价＝不含税工程造价\times(1＋税率)$$

税金列入工程总造价，由建设单位负担。

4. 材料差价

市场经济条件下，部分原材料实际价格与预算价格不相符，因此在确定单位工程造价时，必须进行差价调整。

材料差价是指材料的预算价格与实际价格差额。

材料差价一般采用两种方法计算。

（1）国拨材料差价的计算。国拨材料（如钢材、木材、水泥等）差价的计算是用实际购入单价减去预算单价再乘以材料数量即为某材料的差价。将各种找差的材料差价汇总，即为该工程的材料差价，列入工程造价。材料差价的计算，可用下式表示：

$$某种材料差价＝（实际购入单价－预算定额材料单价）×材料数量$$

（2）地方材料差价的计算。为了计算方便，地方材料差价的计算一般采用调价系数进行调整（调价系数由各地自行测定）。其计算方法可用下式表示：

$$差价＝定额直接数×调价系数$$

5. 其他费用

其他费用是指在现行规定内容没有包括、但随着国家和地方各种经济政策的推行而在施工中不可避免地发生的费用，如各种材料价格与预算定额的差价，购配件增值税等。一般来讲，材料差价是由地方政府主管部门颁布的，以材料费或直接费乘以材料差价系数计算。

图 4-1 说明了园林建设工程预算费用的组成及相互的关系。

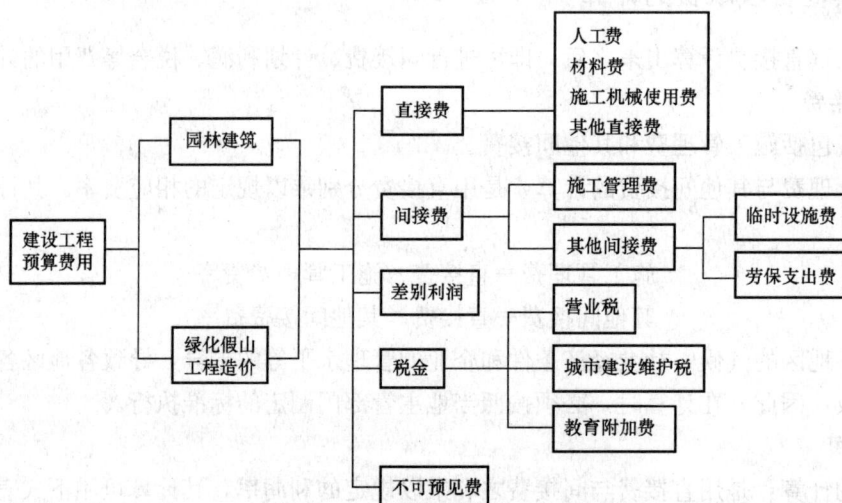

图 4-1 园林建设工程预算费用的组成及相互关系

4.4 园林工程施工图预算的编制与应用

4.4.1 园林工程施工图预算编制的方法

园林工程施工图预算编制的方法有两种，即"定额计价"法与"清单计价"法。下面主要讲述"定额计价"法。

我国各省、市、自治区对现行的园林工程费用构成进行了不同程度的改革尝试，反映在工程造价的计算方法上存在着差异。为此，在编制工程预算时，必须执行本地区的有关规定，准确、客观地反映出工程造价

一般情况下，计算工程预算造价的方法如下。

1. 计算工程量

（1）列出分项工程项目名称。根据施工图纸，并结合施工方案的有关内容，按照一定的计算顺序，逐一列出单位工程施工图预算的分项工程项目名称。所列的分项工程项目名称必须与预算定额中相应项目名称一致。

（2）列出工程量计算式。分项工程项目名称列出后，根据施工图纸所示的部位、尺寸和数量，按照工程量计算规则（各类工程的工程量计算规则，见工程预算定额有关说明），分别列出工程量计算公式。

工程量计算通常采用计算表格进行计算，形式见表 4-1。

表 4-1　　　　　　　　　　　　**工 程 量 计 算 表**

序号	分项工程名称	单位	工程数量	计算式

（3）调整计量单位。通常计算的工程量都是以 m、m²、m³ 等为计算单位，但预算定额中往往以 10 米（10m）、10 平方米（10m²）、10 立方米（10m³）、100 平方米（100m²）、100 立方米（100m³）等为计量单位，因此还须将计算的工程量单位按预算定额中相应项目规定的计量单位进行调整，使计量单位一致，便于以后的计算。

（4）套用公式计算出分项工程的工程量，并填入表 4-1。

2. 计算工程直接费

各项工程量计算完毕经校核后，就可以着手编制单位工程施工图预算表，计算工程的直接费。预算表的形式见表 4-2。

表 4-2　　　　　　　　　　　　**工 程 预 算**

工程名称：　　　　　　　　　　　　　年　月　日　　　　　　　　　　　　　单位：元

序号	定额编号	分项工程名称	工程量		造价		其　　中						备注
							人工费		材料费		机械费		
			单位	数量	单价	合价	单价	合价	单价	合价	单价	合价	

（1）抄写分项工程名称及工程量。按照预算定额的排列顺序，将分部工程项目和分项工程项目名称、工程量抄到预算书中相应栏内，同时将预算定额中相应分项工程的定额编号和计量单位一并抄到预算书中，以便套用预算单价。

（2）查预算定额，填写预算单价。填写预算单价，就是将预算定额中相应分项工程预算单价抄到预算书中。抄写预算单价时，必须注意区分定额中哪些分项工程的单价可以直接套用，哪些必须经过换算（指施工时，使用的材料或做法与定额不同时）后才能套用。

由于某些工程预算的应取费用是以人工费为计算基础，有些地区在现行取费中，有增调人工费和机械费的规定。为此，应将预算定额中的人工费、材料费和机械费的单价逐一填入预算书中相应的栏内。

（3）计算合价与小计。计算合价是指用预算书中各分项工程的数量乘以预算单价所得的积数。各项合价均计算填入表中。

将一个分部工程中所有分项工程的合价竖向相加，即可得到该分部工程的定额直接费（包括人工费、材料费、机械费）。将各分部工程的小计竖向相加，即可得出该单位工程的定额直接费。定额直接费是计算各项应取费用的基础数据，必须认真计算，防止差错。

3. 计算间接费

4. 计算利润

5. 计算税金

6. 计算工程预算造价

工程预算造价＝直接费＋间接费＋计划利润＋税金

4.4.2 工程预算书的格式

1. 工程预算书的封面（表 4-3）

表 4-3   工 程 预 算 书 封 面

工程预算书

建设单位：××××××
工程名称：××××××
建设规模：××××××
施工单位：××××××
工程造价：××××××

审核人：×××
证　号：×××
编制人：×××
证　号：×××
编制时间：×年×月×日
编制单位：
（公章）

2. 编制说明

工程预算书编制说明一般包括以下内容。

（1）工程概况。通常要写明工程编号、工程名称、建设规模等。

（2）编制依据。编制预算时采用的图纸名称、标准图集、材料做法以及设计变更文件，采用的预算定额、材料预算价格及各种费用定额等资料。

（3）其他有关说明。是指在预算表中无法表示且需要用文字作补充说明的内容。

3. 工程预算造价汇总表

造价汇总见表 4 - 4。

表 4 - 4　　　　　　　　　　工程预算造价汇总表

序　号	项目名称	单　位	造　价
	合计		

4. 工程预算造价预算表

以山东省为例，见表 4 - 5。

表 4 - 5　　　　　　　　　　工程预算造价计算表

工程编号：××××　　　　　　　　　　　　　　　　　　　　　　单位：元

项目名称	计　算　式	合价	其　中			备注
			人工费	材料费	机械费	
项目直接费	（人工＋材料＋机械）费之和	a	a_1	a_2	a_3	$A＝a_1＋a_2＋a_3$
人工费调增	定额总工日×20.31－a_1	b				
机械费调增	a_3×1.50	c				
工程类别 人工调整	1—2类＝（a_1＋b）×（1.05－1） 其余＝（a_1＋b）×（0.886－1）	d				
直接费	a＋b＋c＋d	A_1				
其他直接费	A×费率	A_2				
现场经费	A×费率	A				
直接工程费	A＋A_1＋A_2	B				
间接费	B×费率	C				
贷款利息	B×费率	C_1				
差别利润	（B＋C＋C_1）×费率	D				
差价	1. 规定计算差价部分 2. 动态调价 a×（1.071－1）	E				

续表

项目名称	计 算 式	合价	其　中			备注
			人工费	材料费	机械费	
不含税工程造价	B+C+C₁+D+E	F				
四项保险费	F×费率	G				
养老保险统筹费	F×3.55%	H				
安全、文明施工定额补贴	F×1.6%	I				
定额经费	F×费率					
税金	(F+G+H+I+J)×税率	K				
含税工程造价	F+G+H+I+J+K	M				

负责人：×××　　　　　　　　　校核：×××　　　　　　　　　计算：×××

5. 工程预算表

以山东为例，见表4-6。

表4-6　　　　　　　　　　　　　工 程 预 算 表　　　　　　　　　　　单位：元

编号	定额编号	项目名称	单位	数量	单价	合价	人工费		材料费		机械费		其他材料费		备注
							单价	合价	单价	合价	单价	合价	单价	合价	
		合计													

6. 工程量计算表

工程量计算见表4-7。

表4-7　　　　　　　　　　　　　工 程 量 计 算 表

序　号	项目名称	单　位	数　值	计算公式
	合计			

7. 主要材料统计表

主要材料统计见表 4 - 8。

表 4 - 8   主 要 材 料 统 计 表

序号	材料名称	单位	数量	预算价	市场价	合价
	合计					

8. 施工图

附上相应的施工图，见表 4 - 9～表 4 - 14。

实训一   施工图预算费用的计算

表 4 - 9   封   面

工程预算书

工程名称：××学校花园绿化景观工程

工程造价：334 814.63 元   其中：

                           景观部分：   51 621.21 元

                           安装部分：   21 151.55 元

                           土建部分：253 448.52 元

                           补充土建部分：   8593.35 元

建设单位：××综合开发公司

施工单位：××绿化工程有限公司

施工单位负责人：

建设单位负责人：

施工单位审核人：   （章）

建设单位审核人：（章）

编制人：

审核人：

编制日期：2006.12.25

编制说明:

(1) 工程概况。本工程为学校花园绿化景观工程。

(2) 本工程施工图预算是根据××园林设计单位设计的××学校花园绿化景观工程施工图编制。

(3) 预算定额采用 1999 年颁发的《全国仿古建筑及园林工程预算定额山东省价目表》第三册;费用定额采用 1999 年颁发的《山东省建筑工程、安装工程、仿古园林工程及装饰工程费用定额》。

(4) 施工企业取费类型为五类,包工包料。

表 4-10　　　　　　　　　　工 程 造 价 计 算 表

工程名称:××学校花园景观工程绿化部分〔取费等级:7. 园林绿化工程　Ⅲ类市区〕

共1页,第1页

序号	费用代号	费 用 名 称	计 算 公 式	合计/元
1	F110	一、直接费 (一)+(二)	F112+F114	3932.12
2	F112	(一) 直接工程费 1+2	F001+F002+F003+F029	3415.98
3	F052	1. 其中:人工费 R1	F001	1801.51
4	F002	2. 定额直接费材料合价	F002	104.51
5	F003	3. 定额直接费机械合价	F003	966.32
6	F029	4. 价差调整	F015+F016+F017	543.64
7	F015	1) 人工价差	F015	491.32
8	F016	2) 材料价差	F016	51.85
9	F017	3) 机械价差	F017	0.47
10	F114	(二) 措施费 1+2+3	F030+F031+F032	516.14
11	F030	1. 参照定额规定计取的措施费	F004+F005+F006	
12	F031	2. 参照费率计取的措施费 (1)+(2)+(3)+(4)+(5)+(6)+(7)+(8)	F033+F034+F035+F036+F037+F038+F039+F040	516.14
13	F033	(1) 环境保护费　R1×费率	F052×0.008	14.41
14	F034	(2) 文明施工费　R1×费率	F052×0.018	32.43
15	F035	(3) 临时设施费　R1×费率	F052×0.065	117.1
16	F036	(4) 夜间施工费　R1×费率	F052×0.057	102.69
17	F037	(5) 二次搬运费　R1×费率	F052×0.049	88.27
18	F038	(6) 冬雨期施工增加费　R1×费率	F052×0.065	117.1
19	F040	(7) 总承包服务费　R1×费率	F052×0.0245	44.14
20	F116	二、企业管理费 (R1+R2)×管理费率	(F052+F053)×0.42	756.63
21	F117	三、利润　(R1+R2)×利润率	(F052+F053)×0.26	468.39
22	F118	四、规费 (一+二+三)×规费费率	(F110+F116+F117)×0.037	190.81
23	F119	五、税金 (一+二+三+四)×税率	(F110+F116+F117+F118)×0.0344	183.97
24	F120	六、工程费合计(一+二+三+四+五)	F110+F116+F117+F118+F119	5531.92

备注：（对实例中的名词解释）

一、直接费

施工中直接用于某工程上的各项费用总和，由直接工程费和措施费组成。

（一）直接工程费

直接工程费是指施工过程中耗费的构成工程实体的各项费用。内容包括：人工费、材料费、施工机械使用费。

1. 人工费

人工费是指直接从事工程施工的生产工人开支的各项费用。

（1）基本工资：是指发放生产工人的基本工资。

（2）工资性补贴：是指按规定标准发放的冬煤补贴、住房补贴、流动施工津贴等。

（3）生产工人辅助工资：是指生产工人年有效施工天数以外非作业天数的工资，包括职工学习、培训期间的工资，调动工作、探亲、休假期间的工资，因气候影响的停工工资，女工哺乳期间的工资，病假在六个月以内的工资及婚、丧、产假期间的工资。

（4）职工福利费：是指按规定标准计提的职工福利费。

（5）生产工人劳动保护费：是指按规定标准发放的劳动保护用品的购置费及修理费、徒工服装补贴、防暑降温费、在有碍身体健康环境中施工的保健费用等。

2. 材料费

材料费是指施工过程中耗用的构成工程实体的原材料、辅助材料、构配件、零件、半成品的费用和周转使用材料的摊销（或租赁）费用。

（1）材料原价（或供应价）。

（2）材料运杂费：是指材料自来源地运至工地仓库或指定堆放地点所发生的全部费用。

（3）运输消耗费：是指材料在运输装卸过程中不可避免的损耗。

（4）采购及保管费：是指为组织采购、供应和保管材料过程中所需要的各项费用。包括采购费、仓储费、工地保管费、仓储损耗。

（5）检验试验费：是指对建筑材料、构件和建筑安装物进行一般鉴定、检查所发生的费用，包括自设试验室进行试验所耗用的材料和化学药品等费用。不包括新结构、新材料的试验费和建设单位对具有出厂合格证明的材料进行检验，对构件做破坏性试验及其他特殊要求检验试验的费用。

3. 施工机械使用费

施工机械使用费是指施工机械作业所发生的机械使用费以及机械安拆费和场外运费。

施工机械台班单价应由下列七项费用组成。

（1）机械折旧费：是指施工机械在规定使用年限内，陆续收回其原值及购置资金的时间价值。

（2）大修理费：指施工机械按规定的大修理间隔台班进行必要的大修理，以恢复其正常功能所需的费用。

（3）经常修理费：指施工机械除大修理以外的各级保养和临时故障排除所需的费用。包括为保障机械正常运转所需替换设备与随机配备工具、附件的摊销和维护费用，机械运转中日常保养所需润滑与擦拭的材料费用及机械停滞期间的维护和保养费用等。

（4）安拆费及场外运费：安拆费是指施工机械在现场进行安装与拆卸所需的人工、材料、机械和试运转费用以及机械辅助设施的折旧、搭设、拆除等费用；场外运费指施工机械整体或分体自停放地点运至施工现场或由一施工地点运至另一施工地点的运输、装卸、辅助材料及架线等费用。

（5）人工费：指机上司机（司炉）和其他操作人员的工作日人工费及上述人员在施工机械规定的年工作台班以外的人工费。

（6）燃料动力费：是指施工机械在运转作业中所消耗的固体燃料（煤、木柴）、液体燃料（汽油、柴油）及水、电等。

（7）养路费及车船使用税：指施工机械按照国家规定和有关部门规定应缴纳的养路费、车船使用税、保险费及年检费等。

（二）措施费

措施费是指为完成工程项目施工，发生于该工程施工前和施工过程中非工程实体项目的费用。

（1）环境保护费：是指施工现场为达到环保部门的要求所需要的各项费用。

（2）文明施工费：是指施工现场文明施工所需要的各项费用。

（3）安全施工费：是指施工现场安全施工所需要的各项费用。

（4）临时设施费：是指施工企业为进行园林工程施工所需的生活和生产用的临时建筑物、构筑物和其他临时设施费用等。

临时设施包括：临时宿舍、伙房文化福利及公用事业房屋与构筑物，仓库、办公室、加工厂以及规定范围内道路、水、电、管线等临时设施和小型临时设施。

临时设施费用包括：临时设施的搭设、维修、拆除废和摊销费。

（5）夜间施工费：是指因夜间施工所发生的夜班补助费、夜间施工降效、夜间施工照明设备摊销及照明用电等费用。

（6）二次搬运费：是指因施工场地狭小等特殊情况而发生的二次搬运费用。

（7）冬雨期施工增加费：是指冬雨季施工时，为确保工程质量所采取的防寒、防雨措施的人工、材料费用，但不包括混凝土中掺用外加剂，其冬雨期施工增加费在施工措施项目费中列项计算。招标单位编制标底或上限值时，可按分部分项工程量清单费的 1.60‰ 计入工程总造价；投标人在投标报价时可根据工程具体情况予以计取。

（8）总承包服务费：为配合协调招标人进行的工程分包和材料采购所需的费用。

二、企业管理费

企业管理费是指园林建设企业组织施工生产和经营管理所需费用。

1. 管理人员工资

管理人员工资是指管理人员的基本工资、工资性补贴、职工福利费、劳动保护费等。

2. 办公费

办公费指行政管理办公用的文具、纸张、账表、印刷、邮电、书报、会议、水电、烧水和集体取暖（包括现场临时宿舍取暖）用燃料等费用。

3. 差旅交通费

差旅交通费指职工因公出差、调动工作（包括家属）的差旅费、住勤补助费、市内交通费和误餐补助费，职工探亲路费、劳动力招募费，职工离退休、退职一次性路费，工伤人员就医路费、工地转移费以及行政管理部门使用的交通工具的油料、燃料、养路费及牌照费等。

4. 固定资产使用费

固定资产使用费指行政管理和试验部门使用的属于固定资产的房屋、设备仪器等的折旧基金、大修理基金，维修、租赁费以及房产税、土地使用税等。

5. 工具用具使用费

工具用具使用费指行政管理使用的、不属于固定资产的工具、器具、家具、交通工具和检验、试验、测绘、消防用具等的购置、摊销和维修费。

6. 劳动保险费

劳动保险费是指企业支付离退休职工的异地安家补助费、职工退职金、六个月以上的病假人员工资、职工死亡丧葬补助费、抚恤费、按规定支付给离休干部的各项经费。

7. 工会经费

工会经费是指企业按职工工资总额计提的工会经费。

8. 职工教育经费

职工教育经费是指企业为职工学习先进技术和提高文化水平，按职工工资总额计提的费用。

9. 财产保险费

财产保险费是指施工管理用财产、车辆保险。

10. 财务费

财务费是指企业为筹集资金而发生的各种费用。

11. 税金

税金是指企业按规定缴纳的房产税、车船使用税、土地使用税及印花税等。

12. 其他

其他包括技术转让费、技术开发费、业务招待费、绿化费、广告费、公证费、法律顾问费、审计费及咨询费等。

三、利润

利润是指施工企业完成所承包工程获得的赢利。

四、规费

规费是指政府和有关权利部门规定必须缴纳的费用（简称规费）。

1. 工程排污费

工程排污费是指施工现场按规定缴纳的工程排污费。

2. 工程定额测定费

工程定额测定费是指按规定支付工程造价（定额）管理部门的定额测定费。

3. 社会保障费

（1）养老保险费：是指企业按规定标准为职工缴纳的基本养老保险费。

（2）失业保险费：是指企业按规定标准为职工缴纳的失业保险费。

（3）医疗保险费：是指企业按规定标准为职工缴纳的基本医疗保险费。

4. 住房公积金

住房公积金是指企业按规定标准为职工缴纳的住房公积金。

5. 危险作业意外伤害保险

危险作业意外伤害保险是指按照建筑法规定，企业为从事危险作业的建筑施工人员支付的意外伤害保险费。

五、税金

税金是指国家税法规定的应计入建设工程造价内营业税、城市维护建设税及教育费附加税等。

表 4-11　　　　　　　　　　　　　　园林工程工料及分析

工程名称：××学校花园景观工程绿化部分　　　　　　　　　　　　共 1 页　第 1 页

编号	名称	单位	数量	定额单价/元	地区单价/元	结算单价/元	定额合价/元	地区合价/元	结算合价/元
DR001	综合工日	工日	81.8867	22	22	28	1801.51	1801.51	2292.83
1462	电动夯实机 20～62Nm	台班	0.139	24.04	24.04	27.39	3.34	3.34	3.81
1345	水	m³	0.8894	1.7	1.7	3.8	1.51	1.51	3.38
1302	草绳	kg	102	1.01	1.01	1.5	103.02	103.02	153
	其他人工费调整		1	园林工程工料及分析	园林工程工料及分析	园林工程工料及分析	园林工程工料及分析	园林工程工料及分析	园林工程工料及分析
	其他材料费调整		1	−0.02	−0.02	0.01	−0.02	−0.02	0.01
	其他机械费调整		1	962.98	−0.01	−0.01	962.98	−0.01	−0.01
	合计						2872.34	1909.35	2453.02

表 4-12　　　　　　　　　　××学校花园绿化景观工程结算单

工程编号：　　　　　　　　　　　　　　　　　　　　　　　　金额：元

项目名称	规格	计量单位	数量	单价	合价/元	备注
小桥						木材及安装
1. 小桥木材		m³	0.632	6000	3792	防腐木
2. 小桥木材安装费		m²	18.48	90	1663.2	
花架		个	1	45 000	45 000	
吊车	8T	台班	1	520.34	520.34	景石安装
载货汽车	5T	台班	1	345.67	345.67	景石运输
零工		个	6	50	300	
合　　计			51 621.21			

2006 年 12 月 25 日

表 4 - 13   ××学校花园绿地景观规划工程

序号	分项工程名称		规格型号	单位	数量	面层单价	基层单价	合价	
1	雪花白		360mm×100mm	m	112.4	149	18	18770.80	167
2	济南青扇形		弧形	m²	20.8	143	69.5	4420.00	212.5
3	樱花红牙石		弧形	m	60.59	144	5	9027.91	149
4	300 宽黄锈石弧形		弧形	m²	30.59	164	69.5	7142.77	233.5
			方板	m²	7.6	164	59.5	1698.60	223.5
5	入口广场枫叶红		台阶板	m²	3.223	225	69.5	949.17	294.5
			弧形	m²	1.32	166	69.5	310.86	235.5
			方板	m²	6.435	154	59.5	1373.87	213.5
6	小园路	碎拼花岗岩		m²	9.44	88.3	69.5	1489.63	157.8
		广场砖			20.3	36	69.5	2141.65	105.5
		牙石	600mm×150mm×55mm	m	60.2	42	5	2829.40	47
7	主园路	水泥压花路面		m²	87.49	84	19.5	9055.22	103.5
		牙石	600mm×200mm×100mm	m²	134.6	102	5	14 402.2	107
8	入口花池压花地坪水泥			m²	12.72	84	19.5	1316.52	103.5
9	文化石墙面		20mm×50mm×15mm	m²	40.81	88.3	40	5235.92	128.3
10	北弧形文化石路面			m²	69.09	88.3	69.5	10 902.40	157.8
11	中心广场压花水泥路面			m²	61.62	84	19.5	6377.67	103.5
12	中心广场文化石路面			m²	80.02	88.3	69.5	12 627.16	157.8
13	槐花绿			m²	30.51	112	59.5	5232.47	171.5
14	济南青火烧板			m²	11.97	93	59.5	1825.43	152.5
15	芝麻白			m²	188.3	98	59.5	29 657.25	157.5
16	中央广场牙石			m²	55.06	102	5	5891.42	107
17	丁步石路口			m²	10.5	102	5	1123.50	107
18	丁步石		600mm×300mm×60mm	块	70	25	3	1960.00	28
19	丁步石		1500mm×300mm×20mm	块	6	186	27	1278.00	213
20	廊和散水增加回填灰			m³	29.14	50		1457.00	50
21	回填土			m³	3160	16.5		52 140.00	16.5
22	挖土			m³	32.15	10		321.50	10
23	挖掘机			h	25.08	150		3762.00	150
24	破碎机			h	14.8	300		4440.00	300
25	装载机			h	19.5	150		2925.00	150
26	场地清理用工			工日	18	50		900.00	50
27	检查井盖拆按费用			个	35	30		1050.00	30
28	套定额部分							29 413.21	
29	合　　计							253 448.52	

时间：2006 年 11 月 10 日

表 4-14 ××学校花园绿化工程主材表

序号	名 称	规格	单位	数量	综合单价	合价	备注
1	合欢	d：10cm	株	3	600.00	1800.00	
2	柿子树	d：6cm	株	4	300.00	1200.00	
		d：4cm	株	3	100.00	300.00	
3	法桐	d：8cm	株	8	400.00	3200.00	
4	五角枫	d：5cm	株	6	150.00	900.00	
5	黄山栾	d：5cm	株	4	80.00	320.00	
6	大叶女贞	d：4cm	株	51	100.00	5100.00	
7	垂槐	d：3~5cm	株	18	50.00	900.00	
8	红叶碧桃	D：3~5cm	株	34	50.00	1700.00	
9	紫叶李	D：3~5cm	株	24	60.00	1440.00	
10	樱花	D：5cm	株	2	150.00	300.00	
11	樱花	D：3cm	株	26	60.00	1560.00	
12	榆叶梅	D：3cm	株	41	80.00	3280.00	
13	西府海棠	D：3cm	株	7	80.00	560.00	
14	木槿	D：4cm	株	18	60.00	1080.00	
15	紫薇	D：3cm	株	20	60.00	1200.00	
16	丝棉木	D：3cm	株	6	80.00	480.00	
17	丁香	D：3cm	株	6	60.00	360.00	
18	紫藤	D：3cm	株	5	80.00	400.00	
19	冬青球	R：80cm	株	4	50.00	200.00	
20	黄杨球	R：80cm	株	23	60.00	1380.00	
21	金叶女贞球	R：80cm	株	12	50.00	600.00	
22	丛生花石榴	R：80cm	株	20	50.00	1000.00	
23	火棘球	R：60cm	株	2	80.00	160.00	
24	贴梗海棠	R：60cm	敦	6	60.00	360.00	
25	锦带王子	R：40cm	株	50	20.00	1000.00	
26	小叶黄杨	R：25cm	株	2541	2.00	5082.00	30株/m²
27	金叶女贞	R：25cm	株	6750	1.20	8100.00	30株/m²
28	大叶黄杨	R：25cm	株	1900	2.40	4560.00	25株/m²
29	花月季	R：25cm	株	1009	3.75	3783.75	
30	紫荆	R：60cm	株	100	30.00	3000.00	
31	红瑞木	6分枝	株	160	20.00	3200.00	
32	扶芳藤	3分枝	株	3000	2.00	6000.00	30株/m²
33	连翘	三年生	株	120	30.00	3600.00	
34	播种三叶草	红白混播	m²	123	8.00	984.00	
35	播种常绿草坪		m²	3015.57	6.00	18 093.42	
36	人工细整绿化地		m²	3574.27	1.50	5361.41	

合计：92 544.58 元　　　　　大写：玖万贰仟伍佰肆拾肆元伍角捌分

实训二 编制预算书

由于各地区对工程预算中的费用构成、各项费用计算标准、工程造价计算程序及使用的工程预算定额不同，因此工程预算定额不同，因此工程预算具有强烈的地区性。各地区编制工程预算具有强烈的地区性。各地区编制工程预算时，必须按照本公司的规定执行。现以山东省为例，介绍园林工程预算的编制实例，见表 4-15～表 4-19。

表 4-15   预 算 书 封 面

园林工程预算书	
工程名称：平度市东兴路绿化工程	
工程造价：7 766 399.95 元	
施工单位：天成房地产开发有限公司	建设单位：
施工单位负责人：	建设单位负责人：
施工单位审核人：（章）	建设单位审核人：（章）
编制单位：天成房地产开发有限公司	审核单位：
编制人：	审核人：
编制日期：2007.2.5	

编制说明：

(1) 本预算书根据《仿古建筑及园林工程预算定额山东省地区基价 DBJD25—10—2001》；《市政与园林工程预决算》；《全国统一安装工程预算定额山东省地区基价 DBJD25—09—2001》；《山东省建设工程费用定额及文件汇编》结合东兴路绿化带景观工程施工图编写。

(2) 工程预算根据园林工程施工图及实际情况编制。

(3) 主材料价格以当前市场价格为依据进行编制。

(4) 各项费用以主要依据《山东省建设工程费用定额及文件汇编》进行计算。

表 4-16   苗 木 清 单

工程名称：××路绿化工程   共 4 页，第 1 页

序号	苗木名称	规格	单位	数量	单价/元	合价/元	备注
1	国槐	d：21～25cm	株	6	2170.00	13 020.00	
2	国槐	d：17～20cm	株	30	1890.00	56 700.00	
3	国槐	d：15～17cm	株	43	1530.00	65 790.00	
4	国槐	d：8～12cm	株	881	560.00	493 360.00	
5	黑松	H：1.0～1.4m	株	766	80.00	61 280.00	
6	黑松	H：1.5～2m	株	630	130.00	81 900.00	
7	垂柳	d：12～15cm	株	222	152.00	33 744.00	
8	杏树	d：10～12cm	株	30	504.00	15 120.00	

续表

序号	苗木名称	规格	单位	数量	单价/元	合价/元	备注
9	毛白杨	d：10～14cm	株	322	109.00	35 098.00	
10	旱柳	d：8～9cm	株	454	152.00	69 008.00	
11	旱柳	d：10～12cm	株	385	200.00	77 000.00	
12	白蜡	d：6～8cm	株	1795	120.00	215 400.00	
13	法桐	d：6～8cm	株	198	160.00	31 680.00	
14	木槿	D：4～5cm	株	140	80.00	11 200.00	
15	木槿	6～8分枝	株	463	58.00	26 854.00	
16	臭椿	d：8～12cm	株	500	180.00	90 000.00	
17	柿树	d：8～12cm	株	19	378.00	7182.00	
18	龙爪槐	d：8cm	株	13	300.00	3900.00	
19	黄栌	d：6～8cm	株	51	252.00	12 852.00	
20	银杏	d：8～10cm	株	60	252.00	15 120.00	
21	枣树	d：22～25cm	株	1	353.00	353.00	
22	桃树	D：12cm	株	20	378.00	7560.00	
23	金枝柳	d：8cm	株	220	176.00	38 720.00	
24	雪松	H：4m	株	265	756.00	200 340.00	
25	苹果树	d：8～12cm	株	40	504.00	20 160.00	
26	合欢	d：8～10cm	株	59	230.00	13 570.00	
27	紫薇	d：4～6cm	株	100	150.00	15 000.00	
28	紫薇	D：3cm	株	202	60.00	12 120.00	
29	紫薇	8～10分枝	株	360	40.00	14 400.00	
30	西府海棠	D：3～5cm	株	130	220.00	28 600.00	
31	西府海棠	D：6～8cm	株	198	504.00	99 792.00	
32	龙柏	H：2～2.5m	株	809	200.00	161 800.00	
33	榆叶梅	D：5～8cm	株	713	120.00	85 560.00	
34	榆叶梅	8～10分枝	株	44	80.00	3520.00	
35	蜀桧	H：1.5m	株	605	100.00	60 500.00	
36	蜀桧	H：2～2.5m	株	68	150.00	10 200.00	
37	丁香	R：60～80cm	株	639	110.00	70 290.00	
38	珍珠梅	8～10分枝	株	451	60.00	27 060.00	
39	红瑞木	4～6分枝	株	1625	38.00	61 750.00	
40	紫叶李	D：6～8cm	株	335	210.00	70 350.00	
41	紫叶李	D：4～6cm	株	479	180.00	86 220.00	
42	紫荆	d：2～4cm	株	38	56.00	2128.00	
43	紫荆	8～10分枝	株	821	40.00	32 840.00	
44	紫荆	4～6分枝	株	250	38.00	9500.00	
45	金银木	4～6分枝	株	100	38.00	3800.00	
46	连翘	4～6分枝	株	125	38.00	4750.00	
47	龙柏球	R：60～80cm	株	30	126.00	3780.00	
48	龙柏球	R：1～1.5m	株	120	252.00	30 240.00	
49	金叶女贞球	R：80～100cm	株	74	75.00	5550.00	
50	扶芳藤球	R：100～150cm	株	1160	184.00	213 440.00	

序号	苗木名称	规格	单位	数量	单价/元	合价/元	备注
51	花石榴	R：50cm	株	380	120.00	45 600.00	
52	迎春	6～8分枝	株	570	20.00	11 400.00	
53	樱花	D：6～8cm	株	10	504.00	5040.00	
54	樱花	D：3～5cm	株	198	252.00	49 896.00	
55	红叶小檗	R：40cm	株	10576	3.80	40 188.80	
56	小龙柏	R：40cm	株	47 110	8.00	376 880.00	
57	扶芳藤	R：50cm	株	20 416	3.80	77 580.80	
58	金叶女贞	R：40cm	株	38 600	3.80	146 680.00	
59	狗牙根草坪		m²	14 953.1	15.00	224 296.50	
60	高羊茅草坪		m²	56 987.1	15.00	854 806.50	
61	三叶草草坪		m²	38 580.1	15.00	578 701.50	
62	合计					5 221 171.10	

表 4 - 17

工程名称：××路绿化工程　　　　　　　　　　　　　　　共 4 页，第 2 页

编号	名　称	单位	数量	定额单价/元	地区单价/元	结算单价/元	定额合价/元	地区合价/元
DR001	综合工日	工日	25 880.7879	28	28	28	724 662.06	724 662.06
1302	草绳	kg	55 894.22	1.5	1.5	1.5	83 841.33	83 841.33
1345	水	m³	4159.1045	3.8	3.8	3.8	15 804.6	15 804.6
z007	竹梢长1.2m	根	10 926	2	2	2	21 852	21 852
z006	钢丝12号	kg	1907.5	5	5	5	9537.5	9537.5
z014	石硫合剂	kg	443.02	10	10	10	4430.2	4430.2
1500	汽车式起重机8t	台班	0.3	520.34	520.34	520.34	156.1	156.1
1301	草帘子	m²	82 290.615	0.55	0.55	0.55	45 259.84	45 259.84
z044	景湖石	t	120			300		
0169	普通硅酸盐水泥32.5MPa	t	10.088	252	252	252	2542.18	2542.18
0261	黄沙（过筛中砂）	m³	24.96	63	63	63	1572.48	1572.48
z038	砂浆搅拌机	台班	2.6	58.7	58.7	58.7	152.62	152.62
z165	铁件	kg	1560	5.2	5.2	5.2	8112	8112
z044	景湖石	t	400			480		
	其他人工费调整		1					
	其他材料费调整		1	251.68	251.68	251.68	251.68	251.68
	其他机械费调整		1	−1.82	−1.82	−1.82	−1.82	−1.82
	合计						918 172.77	918 172.77

表 4 - 18

工程名称：××路绿化工程

编号	名　称	单位	数量	定额单价/元	地区单价/元	结算单价/元	定额合价/元	地区合价/元
z116	假山石	t	4047.4512	200	200	400	809 490.24	809 490.24
0169	普通硅酸盐水泥 32.5MPa	t	95.2472	252	252	252	24 002.29	24 002.29
0261	黄沙（过筛中砂）	m³	235.5744	63	63	63	14 841.19	14 841.19
1345	水	m³	4685.6972	3.8	3.8	3.8	17 805.65	17 805.65
z165	铁件	kg	111.33	5.2	5.2	5.2	578.92	578.92
1302	草绳	kg	4942	1.5	1.5	1.5	7413	7413
0271	碎石 20～40mm	m³	0.5301	35	35	50	18.55	18.55
1301	草帘子	m²	297.33	0.55	0.55	0.55	163.53	163.53
z007	竹梢长 1.2m	根	10 026	2	2	4	20 052	20 052
z006	钢丝 12 号	kg	2506.5	5	5	5	12 532.5	12 532.5
	其他材料费调整		1	3 795 410.21	322.57	322.57	3 795 410.21	322.57
	合计						4 702 308.08	907 220.44

表 4 - 19　　　　　　　　　园林工程造价计算表

工程名称：××路绿化工程

序号	费用代号	费用名称	计算公式	合计/元
1	F110	一、直接费（一）＋（二）	F112＋F114	4 051 491.89
2	F112	（一）直接工程费	F001＋F002＋F003＋F029＋F013＋F014	3 843 876.21
3	F029	价差调整 1)＋2)＋3)	F015＋F016＋F017	
4	F015	1) 人工价差	F015	
5	F016	2) 材料价差	F016	
6	F017	3) 机械价差	F017	
7	F013	主材费合价	F013	228 000
8	F014	其他费合价	2 697 703.44	2 697 703.44
9	F001	其中人工费 R1	F001	724 662.06
10	F114	（二）措施费 1＋2＋3	F030＋F031＋F032	207615.68
11	F030	1. 参照定额规定计取的措施费	F004＋F005＋F006	
12	F031	2. 参照费率计取的措施费 (1)＋(2)＋(3)＋(4)＋(5)＋(6)＋(7)	F033＋F034＋F035＋F036＋F037＋F038＋F040	207 615.68
13	F033	(1) 环境保护费 R1×费率	F001×0.008	5797.3
14	F034	(2) 文明施工费 R1×费率	F001×0.018	13 043.92
15	F035	(3) 临时设施费 R1×费率	F001×0.065	47 103.03

续表

序号	费用代号	费 用 名 称	计 算 公 式	合计
16	F036	（4）夜间施工费　R1×费率	F001×0.057	41 305.74
17	F037	（5）二次搬运费　R1×费率	F001×0.049	35 508.44
18	F038	（6）冬雨期施工增加费　R1×费率	F001×0.065	47 103.03
19	F040	（7）总承包服务费　R1×费率	F001×0.0245	17 754.22
20	F032	3. 其他	0	
21	F047	其中人工费 R2	F004＋（F033＋F034＋F035＋F040）× 0.1＋（F036＋F037＋F038）×0.2	33 153.29
22	F116	二、企业管理费（R1＋R2）×管理费费	（F001＋F047）×0.72	545 627.05
23	F117	三、利润（R1＋R2）×利润率	（F001＋F047）×0.62	469 845.52
24	F118	四、规费（一＋二＋三）×规费费率	F041＋F042＋F043＋F044＋F045＋ F046	136 808.04
25	F041	工程排污费	（F110＋F116＋F117）×0	
26	F042	工程定额测定费	（F110＋F116＋F117）×0.001	5066.96
27	F043	社会保障费	（F110＋F116＋F117）×0.026	131 741.08
28	F044	住房公积金	（F110＋F116＋F117）×0	
29	F045	危险作业意外伤害保险	（F110＋F116＋F117）×0	
30	F046	安全施工费	（F110＋F116＋F117）×0	
31	F119	五、税金（一＋二＋三＋四）×税率	（F110＋F116＋F117＋F118）×0.0344	179 009.77
32	F120	六、合计（一＋二＋三＋四＋五）	F110＋F116＋F117＋F118＋F119	5 382 782.27

复 习 思 考 题

1. 简述园林工程施工图预算编制的程序。
2. 简述园林工程施工图预算编制的方法与步骤。
3. 简述园林工程施工图预算各项费用的计算方法。
4. 给出两项园林工程、编制工程预算书。

第5章　园林工程量清单计价的编制与应用

知识要点：

- 绿化工程，园路、园桥、假山工程，园林景观工程的工程量清单项目设置
  及计算规则

技能要点：

- 工程量清单的编制
- 工程量清单报价

随着市场经济的形成和我国建设市场的快速发展，工程造价计价依据改革不断深化。为适应社会主义市场经济发展的需要，促进建设市场有序竞争和企业健康发展，改革工程造价计价方法，我国开始逐步推行推行工程量清单计价。

工程量清单计价方法，是建设工程招标投标中，招标人按照国家统一的工程量计算规则或委托其有相应资质的工程造价咨询人编制反映工程实体消耗和措施消耗的工程量清单，由投标人依据工程量清单自主报价，并按照经评审低价中标的工程造价的计价方式。工程量清单计价方法是不同于传统的定额计价方法的一种新的计价模式，是一种市场定价模式，是由建设产品的买、卖双方在建设产品市场上根据供求状况、信息状况进行自由竞价，从而能够签订工程合同的方法。在统一的工程量清单项目设置的基础上，制定工程量清单计量规则，根据具体工程的施工图纸计算出各个清单项目的工程量，再根据各种渠道所获得的工程造价信息和经验数据计算得到工程造价。这种计价方法有效保证了投标人竞争基础的一致性，减少了投标人因工程量计算误差造成的投标失败，有助于形成"企业自主报价，市场竞争形成价格"的建设市场，体现公开、公平、公正的竞争原则。

工程量清单计价的实行，有利于规范建设市场计价行为、促进我国工程造价管理政府职能转变，规范建设市场秩序、促进建设市场有序竞争，有利于建设项目投资、合理利用资源，有利于促进技术进步、提高劳动生产率。

5.1　绿化工程量清单计价规范（园林绿化工程工程量清单计价规范）

为推行工程量清单计价，建设部、质量监督检验检疫总局于 2003 年 2 月 17 日联合发布了《建设工程工程量清单计价规范》（以下简称《计价规范》）GB 50500—2003 作为国家标准，并于 2003 年 7 月 1 日起实施。从 2006 年初开始，经过两年多的工作，通过调查研究、总结经验，针对施行中存在的问题，经广泛征求意见，反复修改、审查，完成了《计价规范》的修订工作，经住房和城乡建设部与国家质量监督检验检疫总局联合发布《建设工程工程量清单计价规范》（GB 50500—2008），于 2008 年 12 月 01 日起施行。原《建设工程工程量清单计价规范》GB 50500—2003 同时废止。采用工程量清单计价的园林绿化建设项目，应遵守《计价规范》。

新的《计价规范》是在原《计价规范》的基础上进行了调整与修改，内容更加完善。新《计价规范》的内容涵盖了工程实施阶段从招投标开始到工程竣工结算办理的全过程，并增加了条文说明。包括工程量清单的编制，招标控制价和投标报价的编制，工程发、承包合同签订时对合同价款的约定，施工过程中工程量的计量与价款支付，索赔与现场签证，工程价款的调整，工程竣工后竣工结算的办理以及对工程计价争议的处理。

《计价规范》是用以指导我国建设工程计价做法，约束计价市场行为的规范性文件，其颁布的目的是规范建设工程工程量清单计价行为，统一建设工程工程量清单的编制和计价方法。《计价规范》是统一工程量清单编制和计价方法、规范工程量清单计价行为的国家标准，是在招投标工程中实行工程清单计价的基础，是调整工程量清单计价活动中承、发包各方关系的准则，是各级建设行政主管部门对工程造价计价活动进行监督管理的重要依据。

5.1.1　《计价规范》的特点

1. 强制性

《计价规范》是由建设主管部门按照强制性国家要求批准颁布，包括了 15 条强制性条文。其中规定全部使用国有资金投资或国有资金投资为主的工程建设项目，必须采用工程量清单计价；明确采用工程量清单方式招标，工程量清单必须作为招标文件的组成部分，其准确性和完善性由招标人负责；分部分项工程量清单应包括项目编码、项目名称、项目特征、计量单位、工程量和项目特征等必须遵守的规则。

2. 实用性

附录中工程量清单项目及计算规则的项目名称表现的是工程实体项目，项目名称、项目特征明确清晰，工程量计算规则简洁明了，还列有工程内容，易于编制工程量清单时确定具体项目名称和投标报价。

3. 综合性

项目设置时往往以一个"综合实体"考虑，与该实体直接有关的主体项目和辅助次要项目都可以综合在该项目的工程内容中，因而某一项目名称所代表的工程内容通常不是单一的、固定不变的。就项目内涵而言，计价规范的项目仅表达某项客观的工作，而不提供任何人工、材料、机械消耗量。

4. 竞争性

由于《计价规范》不规定人工、材料、机械消耗量，为企业报价提供了自主空间，投标企业可以依据企业定额和市场价格信息，也可以参照建设行政主管部门发布的平均社会消耗量定额进行报价。《计价规范》措施项目清单中，除安全文明施工费应按照国家或省级、行业建设主管部门的规定计价外，临时设施、夜间施工、施工排水等详细内容由投标人根据企业的施工组织设计，视具体情况报价，因为这些项目在各个企业间各有不同，是企业竞争项目，留给企业竞争空间。

5.1.2　《计价规范》的主要内容

1. 工程量清单计价的一般概念

（1）工程量清单：是指建设工程的分部分项工程项目、措施项目、其他项目、规费项目和税金项目的名称和相应数量等的明细清单。

（2）工程量清单计价：是指投标人完成由招标人提供的工程量清单所需的全部费用，包括分部分项工程费、措施项目费、其他项目费和规费、税金。

（3）综合单价：是指完成一个规定计量单位的分部分项工程量清单项目或措施清单项目所需的人工费、材料费、施工机械使用费和企业管理费与利润，以及一定范围内的风险费用。

2. 工程量清单计价的主要章节

《计价规范》主要由正文和附录两大部分构成，两者具有同等效力。正文共五章，包括总则、术语、工程量清单编制、工程量清单计价、工程量清单计价表格。分别就《计价规范》的适用范围、遵循的原则、工程量清单编制的规则、工程量清单计价活动的规则、工程量清单及其计价的格式作了明确规定。

附录包括：附录 A 建筑工程工程量清单项目及计算规则，附录 B 装饰装修工程工程量清单项目及计算规则，附录 C 安装工程工程量清单项目及计算规则，附录 D 市政工程工程量清单项目及计算规则，附录 E 园林绿化工程工程量清单项目及计算规则，附录 F 矿山工程工程量清单项目及计算规则。

5.1.3 工程量清单计价的费用组成

采用工程量清单计价，建设工程造价由分部分项工程费、措施项目费、其他项目费、规费和税金组成。

（1）分部分项工程费是指为完成分部分项工程量所需的实体项目费用。

（2）措施项目费是指分部分项工程费以外，为完成工程项目施工，发生于该工程施工准备和施工过程中的技术、生活、安全、环境保护等方面的非工程实体项目所需的费用。

（3）其他项目费是指分部分项工程费和措施项目费以外，该工程项目施工中可能发生的其他费用。

（4）规费是指根据省级政府或省级有关权力部门规定必须缴纳的，应计入建筑安装工程造价的费用。

（5）税金是指国家税法规定的应计入建筑安装工程造价内的营业税、城市维护建设税以及教育费附加等。

分部分项工程费、措施项目费、其他项目费均采用综合单价计价。

5.1.4 附录 E 园林绿化工程工程量清单项目及计算规则

《计价规范》包括六个附录，附录 E 即为园林绿化工程工程量清单项目及计算规则。附录 E 将园林绿化工程分成绿化工程，园路、园桥、假山工程，园林景观工程三大部分。园林绿化工程工程量清单的编制可按附录 E 中的相关编码列项计算，若在附录 E 中未列项的可按建筑工程、装饰装修工程、安装工程、市政工程、矿山工程的相关项目编码列项计算。如亭、花架等的基础、柱等可按建筑工程的相关项目编码列项。

5.2　绿化工程量清单计价的编制

5.2.1　计价说明

绿化工程是园林绿化工程中的一部分,主要包括绿地整理、栽植花木、绿地喷灌等分部工程。绿化工程量清单计价应按照附录 E 中的项目设置及工程量计算规则编制,其工程量计算说明如下。

(1) 伐树、挖树根项目应根据树干的胸径或区分不同胸径范围(如胸径 15～25cm 等),以实际树木的株数计算。

(2) 砍挖灌木丛项目应根据灌木丛高或区分不同丛高范围(如丛高 0.8～1.2m 等),以实际灌木丛数量计算。

(3) 栽植乔木等项目应根据胸径、株高、丛高或区分不同胸径、株高、丛高范围,按设计图示数量以株计算。

(4) 喷灌设施项目工程量应分不同管径从供水主管接口处算至喷头各支管(不扣除阀门所占长度,喷头长度不计算)的总长度计算。

5.2.2　项目设置及计算规则

绿化工程量清单项目设置及工程量计算规则如表 5 - 1～表 5 - 3 所示(摘自清单计价规范附录 E 园林绿化工程工程量清单项目及计算规则)。

表 5 - 1　　　　　　　　　　　E. 1. 1 绿地整理 (编码: 050101)

项目编码	项目名称	项目特征	计量单位	工程量计算规则	工程内容
050101001	伐树、挖树根	树干胸径	株		1. 伐树、挖树根 2. 废弃物运输 3. 场地清理
050101002	砍挖灌木丛	丛高	株 (株丛)	按数量计算	1. 灌木砍挖 2. 废弃物运输 3. 场地清理
050101003	挖竹根	根盘直径			1. 砍挖竹根 2. 废弃物运输 3. 场地清理
050101004	挖芦苇根				1. 苇根砍挖 2. 废弃物运输 3. 场地清理
050101005	清除草皮	丛高	m²	按面积计算	1. 除草 2. 废弃物运输 3. 场地清理

续表

项目编码	项目名称	项目特征	计量单位	工程量计算规则	工程内容
050101006	整理绿化用地	1. 土壤类别 2. 土质要求 3. 取土运距 4. 回填厚度 5. 弃渣运距	m²	按设计图示尺寸以面积计算	1. 排地表水 2. 土方挖、运 3. 耙细、过筛 4. 回填 5. 找平、找坡 6. 拍实
050101007	屋顶花园基底处理	1. 找平层厚度、砂浆种类、强度等级 2. 防水层种类、做法 3. 排水层厚度、材质 4. 过滤层厚度、材质 5. 回填轻质土厚度、种类 6. 屋顶高度 7. 垂直运输方			1. 抹找水平层 2. 防水层铺设 3. 排水层铺设 4. 过滤层铺设 5. 填轻质土壤 6. 运输

表 5 - 2 　　　　　　　　**E. 1. 2 栽植花木（编码：050102）**

项目编码	项目名称	项目特征	计量单位	工程量计算规则	工程内容
050102001	栽植乔木	1. 乔木种类 2. 乔木胸径 3. 养护期	株（株丛）	按设计图示数量计算	1. 起挖 2. 运输 3. 栽植 4. 支撑 5. 草绳绕树干 6. 养护
050102002	栽植竹类	1. 竹种类 2. 竹胸径 3. 养护期			
050102003	栽植棕榈类	1. 棕榈种类 2. 株高 3. 养护期	株		
050102004	栽植灌木	1. 灌木种类 2. 灌丛高 3. 养护期			
050102005	栽植绿篱	1. 绿篱种类 2. 篱高 3. 行数 4. 养护期	m	按设计图示以长度计算	
050102006	栽植攀缘植物	1. 植物种类 2. 养护期	株	按设计图示数量计算	
050102007	栽植色带	1. 苗木种类 2. 苗木株高 3. 养护期	m²	按设计图示尺寸以面积计算	

续表

项目编码	项目名称	项目特征	计量单位	工程量计算规则	工程内容
050102008	栽植花卉	1. 花卉种类 2. 养护期	株	按设计图示数量计算	
050102009	栽植水生植物	1. 植物种类 2. 养护期	丛		
050102010	铺种草皮	1. 草皮种类 2. 铺种方式 3. 养护期	m²	按设计图示尺寸以面积计算	1. 坡地细整 2. 阴坡 3. 草籽喷播 4. 覆盖 5. 养护
050102011	喷播植草	1. 草籽种类 2. 养护期			

表 5 - 3 　　　　　　　　E. 1. 3 绿地喷灌（编码：050103）

项目编码	项目名称	项目特征	计量单位	工程量计算规则	工程内容
050103001	喷灌设施	1. 土石类别 2. 阀门井材料种类、规格 3. 管道品种、规格、长度 4. 管件、阀门、喷头品种、规格、数量 5. 感应电控装置品种、规格、品牌 6. 管道固定方式 7. 防护材料种类 8. 油漆品种、刷漆遍数	m	按设计图示尺寸以长度计算	1. 挖土石方 2. 阀门井砌筑 3. 管道铺设 4. 管道固筑 5. 感应电控设施安装 6. 水压试验 7. 刷防护材料、油漆 8. 回填

E. 1. 4 其他相关问题，应按下列规定处理。

（1）挖土外运、借土回填、挖（凿）土（石）方应包括在相关项目内。

（2）苗木计算应符合下列规定。

1）胸径（或干径）应为地表面向上 1.2m 高处树干直径。

2）株高应为地表面至树顶端的高度。

3）冠丛高应为地表面至乔（灌）木顶端的高度。

4）篱高应为地表面至绿篱顶端的高度。

5）生长期应为苗木种植至起苗的时间。

6）养护期应为招标文件中要求苗木栽植后承包人负责养护的时间。

5.3 园路、园桥及假山工程量清单计价的编制

5.3.1 计价说明

园路、园桥、假山工程主要包括园路桥工程、堆塑假山、驳岸等分部工程。园路、园

桥、假山工程工程量清单计价应按照附录 E 中的项目设置及工程量计算规则编制，其中附录 E 未列项的如园路、园桥、假山（堆筑土山丘除外）、驳岸工程等的挖土方、开凿石方、回填等应按建筑工程中的土（石）方工程的相关项目编码列项。如遇某些构配件使用钢筋混凝土或金属构件时，应按建筑工程或市政工程的相关项目编码列项。园路、园桥、假山工程的工程量计算说明如下。

（1）园路如有坡度时，工程量以斜面积计算。

（2）路牙铺设如有坡度时，工程量按斜长计算。

（3）嵌草砖铺设工程量不扣除镂空部分的面积，如在斜坡上铺设时，按斜面积计算。

（4）石旋脸工程量以看面面积计算。

（5）堆筑土山丘，按设计图示山丘水平投影外接矩形面积乘以高度的 1/3 以体积计算，形状过于复杂的，工程量也可以估算体积计算。

（6）山石护角过于复杂的，工程量也可以估算体积计算，并在工程量清单中进行描述。

（7）凡以重量、面积、体积计算的山丘、假山等项目，竣工后按核实的工程量，根据合同条件规定进行调整。

5.3.2 项目设置及计算规则

园路、园桥、假山工程量清单项目设置及工程量计算规则见表 5-4～表 5-6（摘自清单计价规范附录 E 园林绿化工程工程量清单项目及计算规则）。

表 5-4　　　　　　　　E.2.1 园路桥工程（编码：050201）

项目编码	项目名称	项目特征	计量单位	工程量计算规则	工程内容
050201001	园路	1. 垫层厚度、宽度、材料种类 2. 路面厚度、宽度、材料种类 3. 混凝土强度等级 4. 砂浆强度等级	m²	按设计图示尺寸以面积计算，不包括路牙	1. 园路路基、路床整理 2. 垫层铺筑 3. 路面铺筑 4. 路面养护
050201002	路牙铺设	1. 垫层厚度、材料种类 2. 路牙材料种类、规格 3. 混凝土强度等级 4. 砂浆强度等级	m	按设计图示尺寸以长度计算	1. 基层清理 2. 垫层铺设 3. 路牙铺设
050201003	树池围牙、盖板	1. 围牙材料种类、规格 2. 铺设方式 3. 盖板材料种类、规格			1. 清理基层 2. 围牙、盖板运输 3. 围牙、盖板铺设
050201004	嵌草砖铺装	1. 垫层厚度 2. 铺设方式 3. 嵌草砖品种、规格、颜色 4. 漏空部分填土要求	m²	按设计图示尺寸以面积计算	1. 原土夯实 2. 垫层铺设 3. 铺砖 4. 填土

项目编码	项目名称	项目特征	计量单位	工程量计算规则	工程内容
050201005	石桥基础	1. 基础类型 2. 石料种类、规格 3. 混凝土强度等级 4. 砂浆强度等级	m³	按设计图示尺寸以体积计算	1. 垫层铺筑 2. 基础砌筑、浇筑 3. 砌石
050201006	石桥墩、石桥台	1. 石料种类、规格 2. 勾缝要求 3. 砂浆强度等级、配合比			1. 石料加工 2. 起重架搭、拆 3. 墩、台、旋石、旋脸砌筑 4. 勾缝
050201007	拱旋石制作、安装				
050201008	石旋脸制作、安装	1. 石料种类、规格 2. 旋脸雕刻要求 3. 勾缝要求 4. 砂浆强度等级、配合比	m²	按设计图示尺寸以面积计算	
050201009	金刚墙砌筑		m³	按设计图示尺寸以体积计算	1. 石料加工 2. 起重架搭、拆 3. 砌石 4. 填土夯实
050201010	石桥面铺筑	1. 石料种类、规格 2. 找平层厚度、材料种类 3. 勾缝要求 4. 混凝土强度等级 5. 砂浆强度等级	m²	按设计图示尺寸以面积计算	1. 石材加工 2. 抹找平层 3. 起重架搭、拆 4. 桥面、桥面踏步铺设 5. 勾缝
050201011	石桥面檐板				1. 石材加工 2. 檐板、仰天石、地伏石铺设 3. 铁锔、银锭安装 4. 勾缝
050201012	仰天石、地伏石	1. 石料种类、规格 2. 勾缝要求 3. 砂浆强度等级、配合比	m	按设计图示尺寸以长度计算	
050201013	石望柱	1. 石料种类、规格 2. 柱高、截面 3. 柱身雕刻要求 4. 柱头雕刻要求 5. 勾缝要求 6. 砂浆配合比	根	按设计图示数量计算	1. 石料加工 2. 柱身、柱头雕刻 3. 望柱安装 4. 勾缝
050201014	栏杆、扶手	1. 石料种类、规格 2. 栏杆、扶手截面 3. 勾缝要求 4. 砂浆配合比	m	按设计图示尺寸以长度计算	1. 石料加工 2. 栏杆、扶手安装 3. 铁锔、银锭安装 4. 勾缝

项目编码	项目名称	项目特征	计量单位	工程量计算规则	工程内容
050201015	栏板、撑鼓	1. 石料种类、规格 2. 栏板、撑鼓雕刻要求 3. 勾缝要求 4. 砂浆配合比	块	按设计图示数量计算	1. 石料加工 2. 栏板、撑鼓雕刻 3. 栏板、撑鼓安装 4. 勾缝
050201016	木制步桥	1. 桥宽度 2. 桥长度 3. 木材种类 4. 各部位截面长度 5. 防护材料种类	m²	按设计图示尺寸以桥面板长乘桥面板宽以面积计算	1. 木桩加工 2. 打木桩基础 3. 木梁、木桥板、木桥栏杆、木扶手制作、安装 4. 连接铁件、螺栓安装 5. 刷防护材料

表 5 - 5　　　　　　　　　　**E. 2. 2 堆塑假山（编码：050202）**

项目编码	项目名称	项目特征	计量单位	工程量计算规则	工程内容
050202001	堆筑筑土山丘	1. 土丘高度 2. 土丘坡度要求 3. 土丘底外接矩形面积	m³	按设计图示山丘水平投影外接矩形面积乘以高度的1/3以体积计算	1. 取土 2. 运土 3. 堆砌、夯实 4. 修整
050202002	堆砌石假山	1. 堆砌高度 2. 石料种类、单块重量 3. 混凝土强度等级 4. 砂浆强度等级、配合比	t	按设计图示尺寸以估算质量计算	1. 选料 2. 起重呆搭、拆 3. 堆砌、修整
050202003	塑假山	1. 假山高度 2. 骨架材料种类、规格 3. 山皮料种类 4. 混凝土强度等级 5. 砂浆强度等级、配合比 6. 防护材料种类	m²	按设计图示尺寸以估算面积计算	1. 骨架制作 2. 假山胎模制作 3. 塑假山 4. 山皮料安装 5. 刷防护材料
050202004	石笋	1. 石笋高度 2. 石笋材料种类 3. 砂浆强度等级、配合比	支	按设计图示数量计算	1. 选石料 2. 石笋安装
050202005	点风景石	1. 石料种类 2. 石料规格、重量 3. 砂浆配合比	块		1. 选石料 2. 起重架搭、拆 3. 点石
050202006	池石、盆景山	1. 底盘种类 2. 山石高度 3. 山石种类 4. 混凝土砂浆强度等级 5. 砂浆强度等级、配合比	座（个）		1. 底盘制作、安装 2. 池石、盆景山安装、砌筑
050202007	山石护角	1. 石料种类、规格 2. 砂浆配合比	m³	按设计图示尺寸以体积计算	1. 石料加工 2. 砌石
050202008	山坡石台阶	1. 石料种类、规格 2. 台阶坡度 3. 砂浆强度等级	m²	按设计图示尺寸以水平投影面积计算	1. 选石料 2. 台阶砌筑

表 5-6　　　　　　　　　　E.2.3 驳岸（编码：050203）

项目编码	项目名称	项目特征	计量单位	工程量计算规则	工程内容
050203001	石砌驳岸	1. 石料种类、规格 2. 驳岸截面、长度 3. 勾缝要求 4. 砂浆强度等级、配合比	m^3	按设计图示尺寸以体积计算	1. 石料加工 2. 砌石 3. 勾缝
050203002	原木桩驳岸	1. 木材种类 2. 桩直径 3. 桩单根长度 4. 防护材料种类	m	按设计图示桩长（包括桩尖）计算	1. 木桩加工 2. 打木桩 3. 刷防护材料
050203003	散铺砂卵石护岸（自然护岸）	1. 护岸平均宽度 2. 粗细砂比例 3. 卵石粒径 4. 大卵石粒径、数量	m^2	按设计图示平均护岸宽度乘以护岸长度以面积计算	1. 修边坡 2. 铺卵石、点布大卵石

5.4　园林景观工程量清单计价的编制

5.4.1　计价说明

园林景观工程中主要包括亭、廊、花架、园林坐凳、园椅、喷泉、指示牌等园林小品。附录 E 中，园林景观工程分成原木、竹构件；亭廊屋面；花架；园林桌椅；喷泉安装；杂项等几个分部工程。园林景观工程清单计价应按照附录 E 中的项目设置及工程量计算规则编制，未列项的项目按建筑工程的相关项目编码列项计算，其工程量计算说明如下。

（1）树枝、竹制的花牙子以框外围面积或个计算。

（2）穹顶的肋和壁基梁并入穹顶体积内计算。

（3）喷泉管道工程量从供水主管接头算至喷头接口（不包括喷头长度）。

（4）水下艺术装饰灯具工程量以每个灯泡、灯头、灯座以及与之配套的配件为一套。

（5）砖石砌小摆设工程量以体积计算，如外形比较复杂难以计算体积，也可以以个计算。如有雕饰的须弥座，以个计算工程量时，工程量清单中应以描述其外形主要尺寸，如长、宽、高等尺寸。

5.4.2　项目设置及计算规则

园林景观工程量清单项目设置及工程量计算规则如表 5-7～表 5-12 所示（摘自清单计价规范附录 E 园林绿化工程工程量清单项目及计算规则）。

E.3.7 其他相关问题，应按下列规定处理。

（1）柱顶石（磉蹬石）、木柱、木屋架、钢柱、钢屋架、屋面木基层和防水层等，应按附录 A（建筑工程工程量清单项目及计算规则）中相关项目编码列项。

表5-7   **E.3.1 原木、竹构件（编码：050301）**

项目编码	项目名称	项目特征	计量单位	工程量计算规则	工程内容
050301001	原木（带树皮）柱、梁、檩、椽	1. 原木种类 2. 原木梢径（不含树皮厚度） 3. 墙龙骨材料种类、规格 4. 墙底层材料种类、规格 5. 构件联结方式 6. 防护材料种类	m	按设计图示尺寸以长度计算（包括榫长）	1. 构件制作 2. 构件安装 3. 刷防护材料
050301002	原木（带树皮）墙		m²	按设计图示尺寸以面积计算（不包括柱、梁）	
050301003	树枝吊挂楣子			按设计图示尺寸以框外围面积计算	
050301004	竹柱、梁、檩、椽	1. 竹种类 2. 竹梢径 3. 连接方式 4. 防护材料种类	m	按设计图示尺寸以长度计算	
050301005	竹编墙	1. 竹种类 2. 墙龙骨材料种类、规格 3. 墙底层材料种类、规格 4. 防护材料种类	m²	按设计图示尺寸以面积计算（不包括柱、梁）	
050301006	竹吊挂楣子	1. 竹种类 2. 竹梢径 3. 防护材料种类		按设计图示尺寸以框外围面积计算	

表5-8   **E.3.2 亭廊屋面（编码：050302）**

项目编码	项目名称	项目特征	计量单位	工程量计算规则	工程内容
050302001	草屋面	1. 屋面坡度 2. 铺草种类 3. 竹材种类 4. 防护材料种类	m²	按设计图示尺寸以斜面面积计算	1. 整理、选料 2. 屋面铺设 3. 刷防护材料
050302002	竹屋面			按设计图示尺寸以面积计算（不包括柱、梁）	
050302003	树皮屋面			按设计图示尺寸以框外围面积计算	
050302004	现浇混凝土斜屋面板	1. 檐口高度 2. 屋面坡度 3. 板厚 4. 椽子截面 5. 老角梁、子角梁截面 6. 脊截面 7. 混凝土强度等级	m³	按设计图示尺寸以体积计算，混凝土屋脊并入屋面体积内	混凝土制作、运输、浇筑、振捣、养护
050302005	现浇混凝土攒尖亭屋面板				

续表

项目编码	项目名称	项目特征	计量单位	工程量计算规则	工程内容
050302006	就位预制混凝土攒尖亭屋面板	1. 亭屋面坡度 2. 穹顶弧长、直径 3. 肋截面尺寸 4. 板厚 5. 混凝土强度等级 6. 砂浆强度等级 7. 拉杆材质、规格	m²	按设计图示尺寸以体积计算,混凝土脊和穹顶芽的肋、基梁并入屋面体积	1. 混凝土制作、运输、浇筑、振捣 2. 预埋铁件、拉杆安装 3. 构件出槽、养护、安装 4. 接头灌缝
050302007	就位预制混凝土穹顶				
050302008	彩色压型钢板（夹芯板）攒尖亭屋面板	1. 屋面坡度 2. 穹顶弧长、直径 3. 彩色压型钢板（夹芯板）品种、规格、品牌、颜色 4. 拉杆材质、规格 5. 嵌缝材料种类 6. 防护材料种类	m²	按设计图示尺寸以面积计算	1. 压型板安装 2. 护角、包角、泛水安装 3. 嵌缝 4. 刷防护材料
050302009	彩色压型钢板（夹芯板）穹顶				

表 5-9   **E.3.3 花架（编码：050303）**

项目编码	项目名称	项目特征	计量单位	工程量计算规则	工程内容
050303001	现浇混凝土花架柱、梁	1. 柱截面、高度、根数 2. 盖梁截面、高度、根数 3. 连系梁截面、高度、根数 4. 混凝土强度等级		按设计图示尺寸以体积计算	1. 土（石）方挖运 2. 混凝土制作、运输、浇筑、振捣、养护
050303002	预制混凝土花架柱、梁	1. 柱截面、高度、根数 2. 盖梁截面、高度、根数 3. 连系梁截面、高度、根数 4. 混凝土强度等级 5. 砂浆配合比	m³		1. 土（石）方挖运 2. 混凝土制作、运输、浇筑、振捣、养护 3. 构件制作、运输、安装 4. 砂浆制作、运输 5. 接头灌缝、养护
050303003	木花架柱、梁	1. 木材种类 2. 柱、梁截面 3. 连接方式 4. 防护材料种类		按设计图示截面乘长度（包括榫长）以体积计算	1. 土（石）方挖运 2. 混凝土制作、运输、浇筑、振捣、养护 3. 构件制作、运输、安装 4. 刷防护材料、油漆
050303004	金属花架柱、梁	1. 钢材品种、规格 2. 柱、梁截面 3. 油漆品种、刷漆遍数	t	按设计图示以质量计算	

表 5-10　　　　　　　　　　表 E.3.4 园林桌椅 （050304）

项目编码	项目名称	项目特征	计量单位	工程量计算规则	工程内容
050304001	木制飞来椅	1. 木材种类 2. 坐凳面厚度、宽度 3. 靠背扶手截面 4. 靠背截面 5. 坐凳楣子形状 6. 铁件尺寸、厚度 7. 油漆品种、刷油遍数	m	按设计图示尺寸以坐凳面中心线长度计算	1. 土（石）方挖运 2. 混凝土制作、运输、浇筑、振捣、养护
050304002	钢筋混凝土飞来椅	1. 坐凳面厚度、宽度 2. 靠背扶手截面 3. 靠背截面 4. 坐凳楣子形状、尺寸 5. 混凝土强度等级 6. 砂浆配合比 7. 油漆品种、刷油遍数			1. 混凝土制作、运输、浇筑、振捣、养护 2. 预制件运输、安装 3. 砂浆制作、运输、抹面、养护 4. 刷油漆
050304003	竹制飞来椅	1. 竹材种类 2. 坐凳面厚度、宽度 3. 靠背扶手截面 4. 靠背截面 5. 坐凳楣子形状 6. 铁件尺寸、厚度 7. 防护材料种类			1. 坐凳面、靠背扶手、靠背、楣子 2. 铁件安装 3. 刷防护材料
050304004	现浇混凝土桌凳	1. 桌凳形状 2. 基础尺寸、埋设深度 3. 桌面尺寸、支墩高度 4. 凳面尺寸、支墩高度 5. 混凝土强度等级、砂浆配合比			1. 土方挖运 2. 混凝土制作、运输、浇筑、振捣、养护 3. 桌凳制作 4. 砂浆制作、运输 5. 桌凳安装、砌筑
050304005	预制混凝土桌凳	1. 桌凳形状 2. 基础形状、尺寸、埋设深度 3. 桌面形状、尺寸、支墩高度 4. 凳面尺寸、支墩高度 5. 混凝土强度等级 6. 砂浆配合比	个	按设计图示数量计算	1. 混凝土制作、运输、浇筑、振捣、养护 2. 预制件制作运输、安装 3. 砂浆制作、运输 4. 接头灌缝、养护
050304006	石桌石凳	1. 石材种类 2. 基础形状、尺寸、埋设深度 3. 桌面形状、尺寸、支墩高度 4. 凳面尺寸、支墩高度 5. 混凝土强度等级 6. 砂浆配合比			1. 土方挖运 2. 混凝土制作、运输、浇筑、振捣、养护 3. 桌凳制作 4. 砂浆制作、运输 5. 桌凳安筑

续表

项目编码	项目名称	项目特征	计量单位	工程量计算规则	工程内容
050304007	塑树根桌凳	1. 桌凳直径 2. 桌凳高度 3. 砖石种类 4. 砂浆强度等级、配合比 5. 颜料品种、颜色		按设计图示数量计算	1. 土方挖运 2. 砂浆制作、运输 3. 砖石砌筑 4. 塑树皮 5. 绘制木纹
050304008	塑树节椅				
050304009	塑料、铁艺、金属椅	1. 木座板面截面 2. 塑料、铁艺、金属椅规格、颜色 3. 混凝土强度等级 4. 防护材料种类			1. 土方挖运 2. 混凝土制作、运输、浇筑、振捣、养护 3. 坐椅安装 4. 木座板制作、安装 5. 刷防护材料

表 5 - 11　　　　　**表 E. 3. 5 喷泉安装（编码：050305）**

项目编码	项目名称	项目特征	计量单位	工程量计算规则	工程内容
050305001	喷泉	1. 管材、管件、水泵、阀门、喷头品种 2. 管道固定方式 3. 防护材料种类	m	按设计图示尺寸以长度计算	1. 土（石）方挖运 2. 管材、管件、水泵、阀门、喷头安装 3. 刷防护材料 4. 回填
050305002	喷泉电缆	1. 保护管品种、规格 2. 电缆品种、规格			1. 土（石）方挖运 2. 电缆保护管安装 3. 电缆敷设 4. 回填
050305003	水下艺术装饰灯具	1. 灯具品种、规格、品牌 2. 灯光颜色	套	按设计图示数量计算	1. 灯具安装 2. 支架制作、运输、安装
050305004	电气控制柜	1. 规格、型号 2. 安装方式	台		1. 电气控制柜（箱）安装 2. 系统调试

表 5 - 12　　　　　**E. 3. 6 杂项（编码：050306）**

项目编码	项目名称	项目特征	计量单位	工程量计算规则	工程内容
050306001	石灯	1. 石料种类 2. 石灯最大截面 3. 石灯高度 4. 混凝土强度等级 5. 砂浆配合比	个	按设计图示数量计算	1. 土（石）方挖运 2. 混凝土制作、运输、浇筑、振捣、养护 3. 石灯制作、安装
050306002	塑仿石音箱	1. 音箱石内空尺寸 2. 铁丝型号 3. 砂浆配合比 4. 水泥漆品牌、颜色			1. 胎模制作、安装 2. 铁丝网制作、安装 3. 砂浆制作、运输、养护 4. 喷水泥漆 5. 埋置仿石音箱

续表

项目编码	项目名称	项目特征	计量单位	工程量计算规则	工程内容
050306003	塑树皮梁、柱	1. 塑树种类 2. 塑竹种类 3. 砂浆配合比 4. 喷字规格、颜色 5. 油漆品种、颜色	m²（m）	按设计图示尺寸以梁柱外表面积计算或以构件长度计算	1. 灰塑 2. 刷涂颜料
050306004	塑竹梁、柱				
050306005	花坛铁艺栏杆	1. 铁艺栏杆高度 2. 铁艺栏杆单位长度重量 3. 防护材料种类	m	按设计图示尺寸以长度计算	1. 铁艺栏杆安装 2. 刷防护材料
050306006	标志牌	1. 材料种类、规格 2. 镌字规格、种类 3. 喷字规格、颜色 4. 油漆品种、颜色	个	按设计图示数量计算	1. 选料 2. 标志牌制作 3. 雕琢 4. 镌字、喷字 5. 运输、安装 6. 刷油漆
050306007	石浮雕	1. 石材种类 2. 浮雕种类 3. 防护材料种类	m²	按设计图示尺寸以雕刻部分外接矫形面积计算	1. 放样 2. 雕琢 3. 刷防护材料
050306008	石镌字	1. 石材种类 2. 镌字种类 3. 镌字规格 4. 防护材料种类	个	按设计图示数量计算	
050306009	砖石砌小摆设	1. 砖种类、规格 2. 石种类、规格 3. 砂浆强度等级、配合比 4. 石表面加工要求 5. 勾缝要求	m³（个）	按设计图示尺寸以体积计算或以数量计算	1. 砂浆制作、运输 2. 砌砖、石 3. 抹面、养护 4. 勾缝 5. 石表面加工

（2）需要单独列项目的土石方和基础项目，应按附录 A 相关项目编码列项。

（3）木构件连接方式应包括：开榫连接、铁件连接、扒钉连接、铁钉连接。

（4）竹构件连接方式应包括：竹钉固定、竹篾绑扎、铁丝连接。

（5）膜结构的亭、廊，应按附录 A 相关项目编码列项。

（6）喷泉水池应按附录 A 相关项目编码列项。

（7）石浮雕应按表 3 - 1 分类。

（8）石镌字种类应是指阴文和阴包阳。

（9）砌筑果皮箱，放置盆景的须弥座等，应按 E.3.6（杂项）中砖石砌小摆设项目编码列项。

5.5　园林绿化工程量清单计价编制的应用

5.5.1　工程量清单计价的基本程序

工程量清单计价方法是以招标人提供的工程量清单为平台，投标人根据自身的技术、财务、管理能力进行投标报价，招标人根据具体的评标细则进行选优。工程量清单计价的基本过程可描述为：在统一的工程量计算规则的基础上，制定工程量清单项目设置规则，根据具体工程施工图纸计算出各清单项目的工程量，再根据各种渠道所获得的工程造价信息和经验数据计算出工程造价。工程量清单计价的编制过程可分为两个阶段：工程量清单的编制和利用工程量清单来计价。

1. 工程量清单的编制

工程量清单是建设工程的分部分项工程项目、措施项目、其他项目、规费项目和税金项目的名称和相应数量等的明细清单。工程量清单是工程量清单计价的基础，是标准招标控制价、投标报价、计算工程量、支付工程款、调整合同价款、办理竣工结算以及工程索赔等的依据。工程量清单应由具有编制能力的招标人或受其委托具有相应资质的工程造价咨询人编制，必须作为招标文件的组成部分，其准确性和完整性由招标人负责。工程量清单是由分部分项工程量清单、措施项目清单、其他项目清单、规范项目清单、税金项目清单组成的。

(1) 工程量清单编制的依据。

1) 建设工程工程量清单计价规范。

2) 国家或省级、行业建设主管部门颁发的计价依据和办法。

3) 建设工程设计文件。

4) 与建设工程项目有关的标准、规范、技术资料。

5) 招标文件及其补充通知、答疑纪要。

6) 施工现场情况、工程特点及常规施工方案。

7) 其他相关资料。

(2) 工程量清单的项目设置。

分部分项工程量清单应根据附录规定的项目编码、项目名称、项目特征、计量单位和工程量计算规则进行编制，即工程量清单的五个统一，这就是工程量清单的项目设置规则，是编制工程量清单的依据，要求招标人在编制工程量清单时必须执行，做到统一的项目编码、统一的项目名称、统一的项目特征、统一的计量单位、统一的工程量计算规则。

1) 项目编码。项目编码应采用 12 位阿拉伯数字表示。1～9 位应按附录的规定设置，10～12 位应根据拟建工程的工程量清单项目名称设置，不得有重号。一个项目编码由五级组成，如 05-03-01-005-×××，各级编码代表的含义如下。

①第一级为附录顺序码（分二位），如建筑工程为 01、装饰装修工程为 02、安装工程为 03、市政工程为 04、园林绿化工程为 05、矿山工程为 06。

②第二级为专业工程顺序码（分二位），03 表示园林景观工程。

③第三级为分部工程顺序码（分二位），01 表示原木、竹构件。

④第四级为分部分项工程项目名称顺序码（分三位），005 表示竹编墙。

⑤第五级为清单项目名称顺序码（分三位），是具体清单项目编码，由工程量清单编制人编制，从 001 开始。

当同一标段（或合同段）的一份工程量清单中含有多个单位工程且工程量清单是以单位工程为编制对象时，在编制工程量清单时应特别注意对项目编码 1～12 位的设置不得有重码的规定。

2) 项目名称。分部分项工程量清单的项目名称应按附录的项目名称结合拟建工程的项目实际确定。项目名称原则上以形成工程实体而命名。项目名称如有缺项，招标人可按相应的原则进行补充。

3）项目特征。工程量清单的项目特征是确定一个清单项目综合单价不可缺少的重要依据，在编制工程量清单时，必须对项目特征进行准确和全面地描述。但有些项目特征用文字往往又难以准确和全面地描述清楚。因此，为达到规范、简捷、准确、全面描述项目特征的要求，在描述工程量清单项目特征时应按以下原则进行：项目特征描述的内容应按附录中的规定，结合拟建工程的实际，能满足确定综合单价的需要；若采用标准图集或施工图纸能够全部或部分满足项目特征描述的要求，项目特征描述可直接采用详见××图集或××图号的方式，对不能满足项目特征描述要求的部分，仍应用文字描述。

4）计量单位。分部分项工程量清单的计量单位应按附录中规定的计量单位确定。附录中有两个或两个以上计量单位的，应结合拟建工程项目的实际选择其中一个确定。计量单位一般采用基本单位。

①以重量计算的项目，以吨（t）或千克（kg）为单位。

②以体积计算的项目，以立方米（m^3）为单位。

③以面积计算的项目，以平方米（m^2）为单位。

④以长度计算的项目，以米（m）为单位。

⑤以自然计量单位计算的项目，以个、套、块、樘、组、台……为单位。

⑥没有具体数量的项目，以吨（t）或千克（kg）为单位。

各专业有特殊计量单位的，再另外加以说明。

5）工程量计算规则。工程量应按《计价规范》附录中规定的工程量计算规则计算。除另有说明外，所有清单项目的工程量应以实体工程量为准，并以完成后的净值计算；投标人投标报价时，应在单价中考虑施工中的各种损耗和需要增加的工程量。

另外，工程量的有效位数应遵守下列规定。

①以"t"为单位，应保留三位小数，第四位小数四舍五入。

②以"m^3"、"m^2"、"m"、"kg"为单位，应保留两位小数，第三位小数四舍五入。

③以"个"、"项"等为单位，应取整数。

（3）工程量清单的格式规定。

工程量清单宜采用统一格式，但由于行业、地区的一些特殊规定，赋予了省级和行业建设行政主管部门可在本规范提供计价格式的基础上予以补充。在规定的招标、投标工程中，工程量清单必须严格遵照《计价规范》规定的格式秩序。

1）封面，应按规定的内容填写、签字、盖章，造价员编制的工程量清单应有负责审核的造价工程师签字、盖章。见表5-13。

2）填表须知。

工程量清单及其价格格式中所要求签字、盖章的地方，必须由规定的单位和人员签字、盖章。工程量清单及其价格格式中的任何内容不得随意删除或涂改。

工程量清单价格格式中列明的所有需要填报的单价和合价，投标人应填报，未填报的单价和合价，视为此项费用已包含在工程量清单的其他单价和合价中。

明确金额的表示币种。

表 5 - 13　　　　　　　　　　　封　面

工程

工　程　量　清　单

工程造价
招标人：_____　　　　　　　咨询人：_____
　　　（单位盖章）　　　　　　　　　　（单位资质专用章）

法定代表人　　　　　　　　　　　　法定代表人
或其授权人：_____　　　　　　或其授权人：_____
　　　（签字或盖章）　　　　　　　　　（签字或盖章）

编制人：_____　　　　　　　复核人：_____
　　（造价人员签字盖专用章）　　　　　（造价人员签字盖专用章）

编制时间：　年　月　日　　　　　　复核时间：　年　月　日

3）总说明。总说明应按下列内容填写。

①工程概况：建设规模、工程特征、计划工期、施工现场实际情况、自然地理条件、环境保护要求等。

②工程招标和分包范围。

③工程量清单编制依据。

④工程质量、材料、施工等的特殊要求。

⑤其他需要说明的问题。

4）分部分项工程量清单。分部分项工程量清单应包括项目编码、项目名称、项目特征、计量单位和工程量等部分，各部分均应按《计价规范》的规则进行编制。见表 5 - 14。

表 5 - 14　　　　　　　　　分部分项工程量清单与计价表

工程名称：　　　　　　标段：　　　　　　　　　　　　　　第　页　共　页

序号	项目编码	项目名称	项目特征描述	计量单位	工程量	金额/元		
						综合单价	合价	其中：暂估价

5）措施项目清单。措施项目清单应根据拟建工程的实际情况列项。通用措施项目可按表 5 - 15 措施项目清单与计价表（一）选择列项。若出现《计价规范》未列的项目，可根据工程实际情况补充。措施项目中可以计算工程量的项目清单宜采用分部分项工程量清单的方式编制，见表 5 - 16，列出项目编码、项目名称、项目特征、计量单位和工程量计算规则；不能计算工程量的项目清单，以"项"为计量单位。

表 5 - 15 措施项目清单与计价表（一）

工程名称： 标段： 第 页 共 页

序号	项目名称	计算基础	费率（%）	金额/元
1	安全文明施工费			
2	夜间施工费			
3	二次搬运费			
4	冬雨季施工			
5	大型机械设备			
6	施工排水			
7	施工降水			
8	地上、地下设施、建筑物的临时保护设施			
9	已完工程及设备保护			
10	各专业工程的措施项目			
合　计				

注：1. 本表适用于以"项"计价的措施项目。

2. 根据建设部、财政部发布的《建筑安装工程费用组成》（建标〔2003〕206 号）的规定，"计算基础"可为"直接费"、"人工费"或"人工费＋机械费"。

表 5 - 16 措施项目清单与计价表（二）

工程名称： 标段： 第 页 共 页

序号	项目编码	项目名称	项目特征描述	计量单位	工程量	金额/元	
						综合单价	合价

注：本表适用于以综合单价形式计价的措施项目。

6）其他项目清单。其他项目清单宜按照下列内容列项：①暂列金额；②暂估价：包括材料暂估价、专业工程暂估价；③计日工；④总承包服务费。若出现《计价规范》未列的项目，可根据工程实际情况补充。

招标人部分。包括暂列金额、暂估价等。暂列金额是招标人在工程量清单中暂定并包括在合同价款中的一笔款项。用于施工合同签订时尚未确定或者不可预见的所需材料、设备、服务的采购，施工中可能发生的工程变更、合同约定调整因素出现时的工程价款调整以及发生的索赔、现场签证确认等的费用。暂估价是招标人在工程量清单中提供的用于支付必然发生但暂时不能确定的材料的单价以及专业工程的金额。两者皆不由投标人报价。

投标人部分。包括计日工、总承包服务费等。计日工指在施工过程中，完成发包人提出的施工图纸以外的零星项目或工作，按合同中约定的综合单价计价：总承包服务费是指总承包人为配合协调发包人进行的工程分包自行采购的设备、材料等进行管理、服务以及施工现场管理、竣工资料汇总整理等服务所需的费用。

7）规费和税金。规费项目清单应按照下列内容列项：①工程排污费；②工程定额测定费；③社会保障费：包括养老保险费、失业保险费、医疗保险费；④住房公积金；⑤危险作业意外伤害保险。若出现《计价规范》未列的项目，应根据省级政府或省级有关权力部门的规定列项。

税金项目清单应包括下列内容：①营业税；②城市维护建设税；③教育费附加。若出现《计价规范》未列的项目，应根据税务部门的规定列项。

2. 工程量清单计价

采用工程量清单计价，建设工程造价由分部分项工程费、措施项目费、其他项目费、规费和税金组成。

（1）分部分项工程量清单应采用综合单价计价。分部分项工程费用以综合单价的组成内容为依据，按招标文件中分部分项工程量清单项目的特征描述确定综合单价的计算。分部分项工程费报价的最重要依据之一是该项目的特征描述，投标人应依据招标文件中分部分项工程量清单项目的特征描述确定清单项目的综合单价。当出现招标文件中分部分项工程量清单项目的特征描述与设计图纸不符时，应以工程量清单项目的特征描述为准；当施工中施工图纸或设计变更与工程量清单项目的特征描述不一致时，发、承包双方应按实际施工的项目特征，依据合同约定重新确定综合单价。招标人提供了有暂估单价的材料，应按暂定的单价计入综合单价。采用综合单价计价，报价人需结合企业自身定额及拟采用的施工方案自主确定人工消耗、材料损耗、机械摊销；根据自身对材料设备等资源的采购优势和储备能力确定材料、设备价格；根据企业自身的经营状况和管理水平确定间接费和利润等。

（2）措施项目的内容应依据招标人提供的措施项目清单和投标人投标时拟定的施工组织设计或施工方案确定，凡可以精确计量的措施清单项目采用综合单价方式报价，其余的措施清单项目采用以"项"为计量单位的方式报价。措施项目清单费的确定原则是由投标人自主确定，但其中安全文明施工费应按国家或省级、行业建设主管部门的规定确定。

（3）其他项目费中，暂列金额、暂估价由投标人确定。计价时，暂列金额必须按照其他项目清单中确定的金额填写，不得变动。暂估价不得变动和更改。暂估价中的材料必须按照暂估单价计入综合单价；专业工程暂估价必须按照其他项目清单中确定的金额填写。计日工的费用必须按照其他项目清单列出的项目和估算的数量，由投标人自主确定各项单价并计算和填写人工、材料、机械使用费。总承包服务费由投标人依据招标人在招标文件中列出的分包专业工程内容和供应材料、设备情况，按照招标人提出协调、配合与服务要求和施工现场管理需要自主确定总承包服务费。

（4）规费和税金要按国家或省级、行业建设主管部门的有关规定计算。

工程量清单计价行为可分成两类，一种是编制招标控制价，另一种是投标报价。招标控制价是指招标人根据国家或省级、行业建设主管部门颁发的有关计价依据和办法，按设计施工图纸计算的，对招标工程限定的最高工程造价。在工程招标发包过程中，由招标人根据有关计价规定计算的工程造价，其作用是招标人用于对招标工程发包的最高限价，有的地方亦称拦标价、预算控制价，因而招标控制价无需保密。招标控制价是按照正常施工条件下制定的，反映的是社会平均水平，而且在计算时包含了更多的可变因素，比社会平均水平计算出来的价格稍高。为体现招标的公平、公正，防止招标人有意抬高或压低工程造价，招标人应在招标文件中如实公布招标控制价，不得对所编制的招标控制价进行上浮或下调。同时，招标人应将招标控制价报工程所在地的工程造价管理机构备查。

投标报价是由投标人在招标人提供的工程量清单的基础上，根据企业自身所掌握的各种信息资料，结合企业定额编制得出的。一般投标人在竞争状态下采用的是社会平均先进水平，报出的投标价格通常要比社会平均水平计算出的价格低。因此投标报价超出拦标价是不合理的报价。

招标控制价与投标报价均以招标人提供的工程量清单为基础，以综合单价计价报价，两者费用组成及计算方法相同，具体计算方法如下。

①分部分项工程费＝分部分项工程量×分部分项工程单价。其中：分部分项工程单价由人工费、材料费、机械费、企业管理费、利润以及一定范围内的风险费用等组成，即通过综合单价计价得到。

②措施项目费＝措施项目工程费×措施项目综合单价。其中措施项目包括：通用项目、建筑工程措施项目、安装工程措施项目和市政工程措施项目。措施项目综合单价的构成与分部分项工程单价构成类似。

③单位工程报价＝分部分项工程费＋措施项目费＋其他项目费＋规定费用＋税金。

④单项工程报价＝∑单位工程报价。

⑤建设项目总报价＝∑单项工程报价（图5-1）。

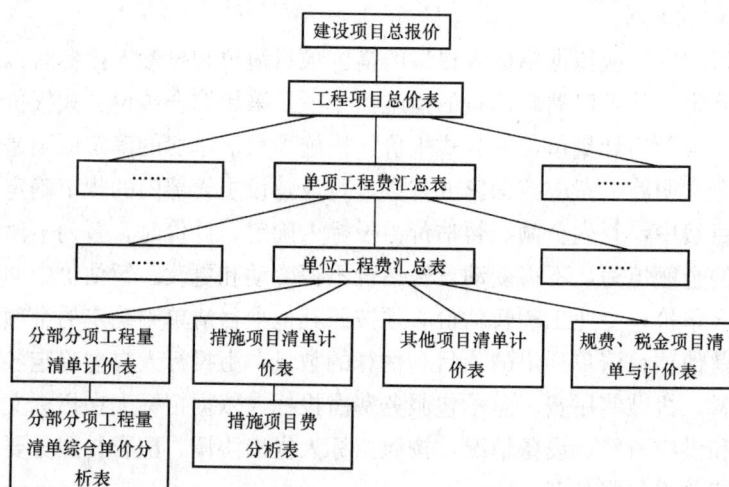

图5-1　工程量清单计价关系图（有关表格格式请参考例子）

5.5.2　工程量清单计价的操作过程

就我国目前的实践而言，工程量清单计价作为一种市场价格的形成机制，其使用主要在工程招投标阶段。因此工程量清单计价的操作过程可以从招标、投标、评标三个阶段来阐述。

1. 工程招标阶段

有编制能力的招标单位在工程方案、初步设计或部分施工图设计完成后，即可按照统一的工程量计算规则，再以单位工程为对象，计算并列出各分部分项工程的工程量清单（应附有有关的施工内容说明），作为招标文件的组成部分发放给各投标单位。无编制能力的招标单位可以委托具有相应资质的工程造价咨询人编制工程量清单。其工程量清单的粗细程度、准确程度取决于工程的设计深度及编制人员的技术水平和经验。在分部分项工程量清单中，项目编号、项目名称、项目特征、计量单位和工程数量等项由招标单位根据全国统一的工程量清单项目设置规则和计量规则填写。单价与合价由投标人根据企业定额、企业的施工组织设计（如工程量的大小、施工方案的选择、施工机械和劳动力的配备、材料供应等）以及招标单位对工程的质量要求等因素综合评定后填写。

2. 投标阶段

投标单位接到招标文件后，首先要对招标文件进行透彻地分析研究，对图纸进行仔细地理解。其次，要对招标文件中所列的工程量清单进行审核，审核中，要视招标单位是否允许对工程量清单内所列的工程量误差进行调整决定审核办法。如果允许调整，就要详细审核工程量清单内所列的各工程项目的工程量，对有较大误差的，通过招标单位答疑会提出调整意见，取得招标单位同意后进行调整；如果不允许调整工程量，则不需要对工程量进行详细的审核，只对主要项目或工程量大的项目进行审核，发现这些项目有较大误差时，可以利用调整这些项目单价的方法解决，工程量确定后进行工程造价的计算。第三，按招标人提供的工程量清单填报单价及汇总计算。填写的项目编码、项目名称、项目特征、计量单位、工程量必须与招标人提供的一致。根据我国现行的工程量清单计价办法，单价采用的是综合单价。综合单价法的优点是当工程量发生变更时，易于查对；能够反映本企业的技术能力、工程管理能力。

3. 评标阶段

在评标时可以对投标单位的最终总报价以及分项工程的综合单价的合理性进行评分，对投标单位方案和关键工序、质量控制措施、对环境污染的保护措施等技术措施进行评估，投标报价校核，与招标控制价对比，审查报价数据计算的正确性，分析报价构成的合理性。采用经评审的最低投标价法或综合评估法评标。由于采用了工程量清单计价方法，所有投标单位都站在同一起跑线上，因而竞争更为公平合理，有利于实现优胜劣汰，而且在评标时应坚持倾向于合理低标价中标的原则。若采用综合计分的方法，不仅考虑报价因素，而且还对投标单位的施工组织设计、企业业绩和信誉等按一定的权重分值分别进行计分，按总评分的高低确定中标单位。或者采用两阶段评标的办法，即先对投标单位的技术方案进行评价，在技术方案可行的前提下，再以投标单位的报价作为评标定标的唯一因素，这样既可以保证工程建设质量，又有利于业主选择一个合理的、报价较低的单位中标。

实训一 绿化工程量清单项目设置及工程量的计算

某园林绿化工程的设计如图 5-2～图 5-9 所示，试根据《建设工程工程量清单计价规范》列出该工程的工程量清单，并按照《计价规则》的计算规则计算清单工程量。工程量清单须按《计价规则》的格式进行编制，并按分部分项工程列出工程量计算式。

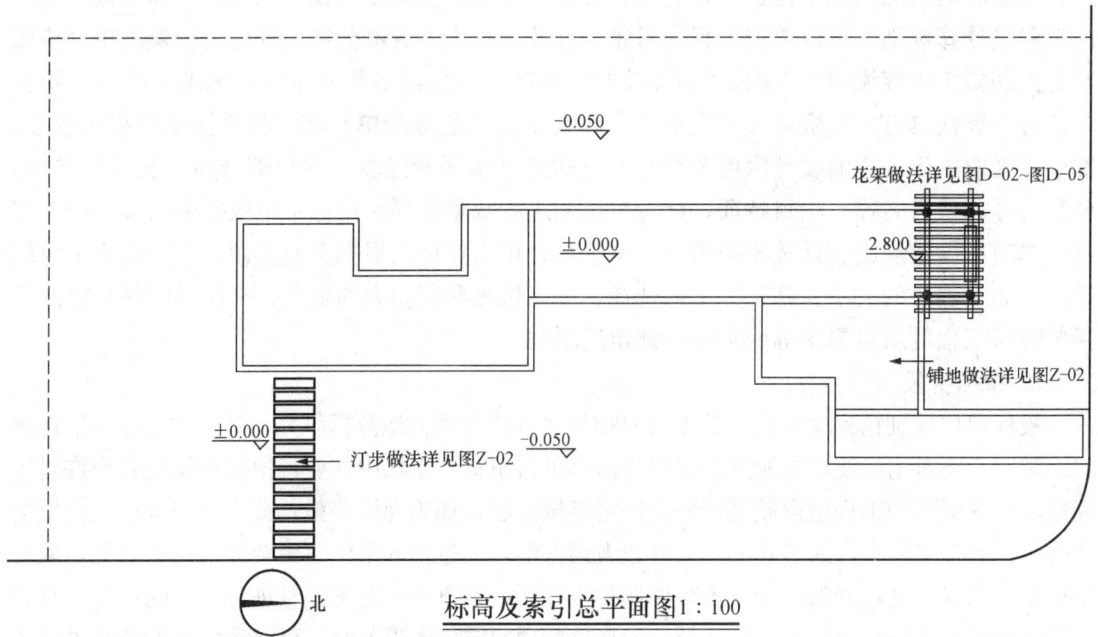

标高及索引总平面图1:100

图 5-2 园林绿化工程标高及索引总平面图

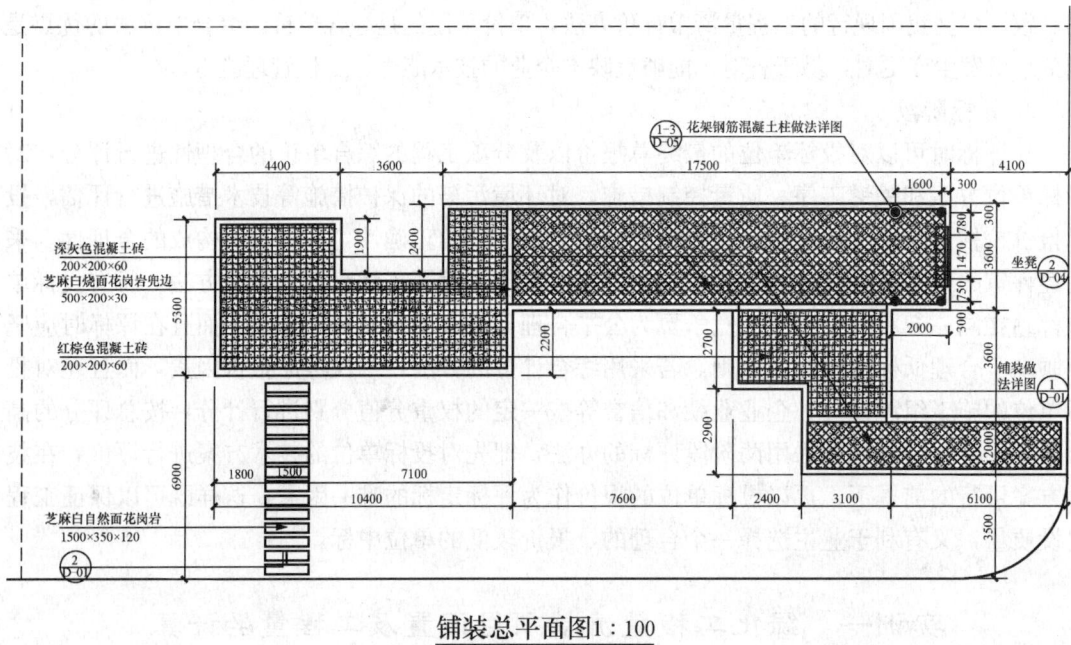

铺装总平面图1:100

图 5-3 园林绿化工程铺装总平面图

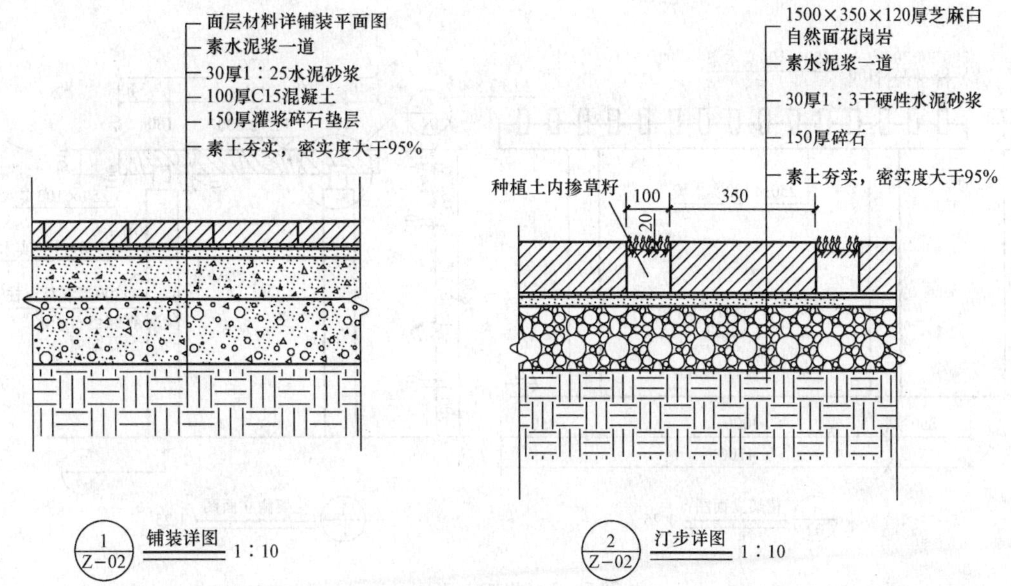

图 5-4　园林绿化工程铺装详图

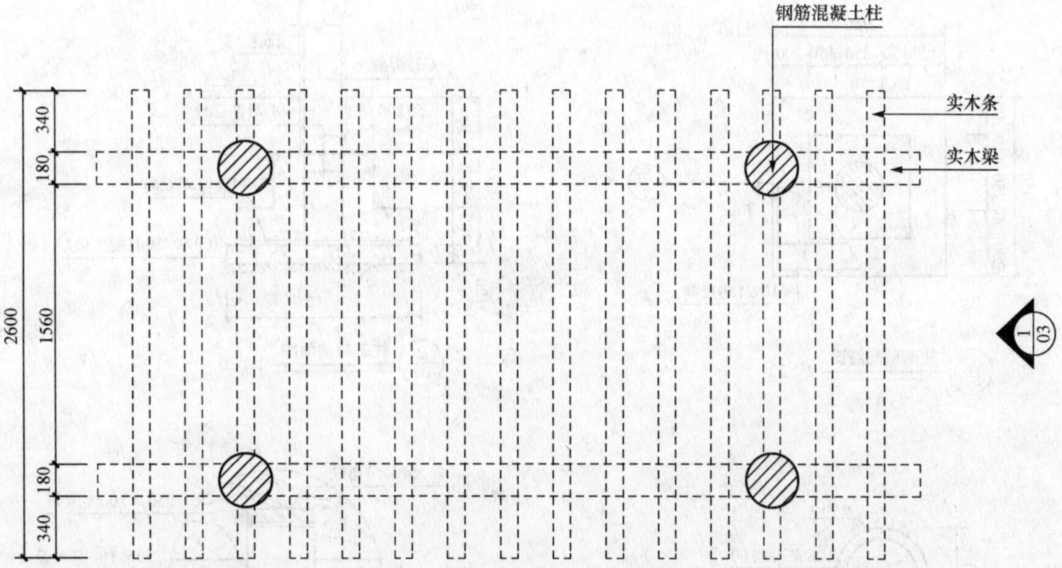

注:所有木材采用山樟木,进行烘干、防潮、防腐处理。

花架放线平面图 1:25

图 5-5　花架平面图

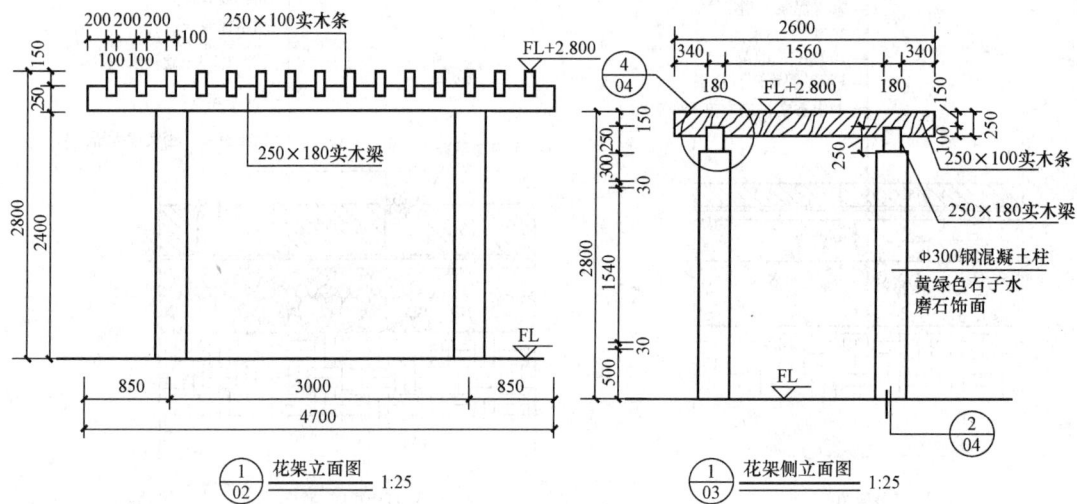

图 5-6　花架立面图

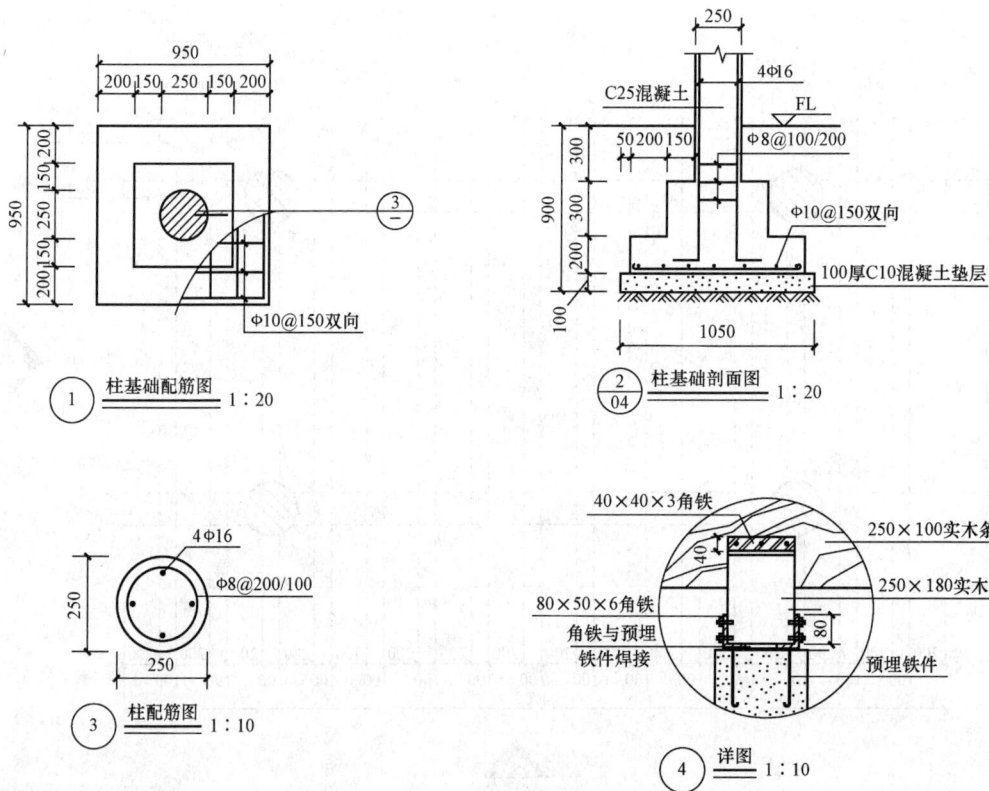

图 5-7　花架配筋图、详图

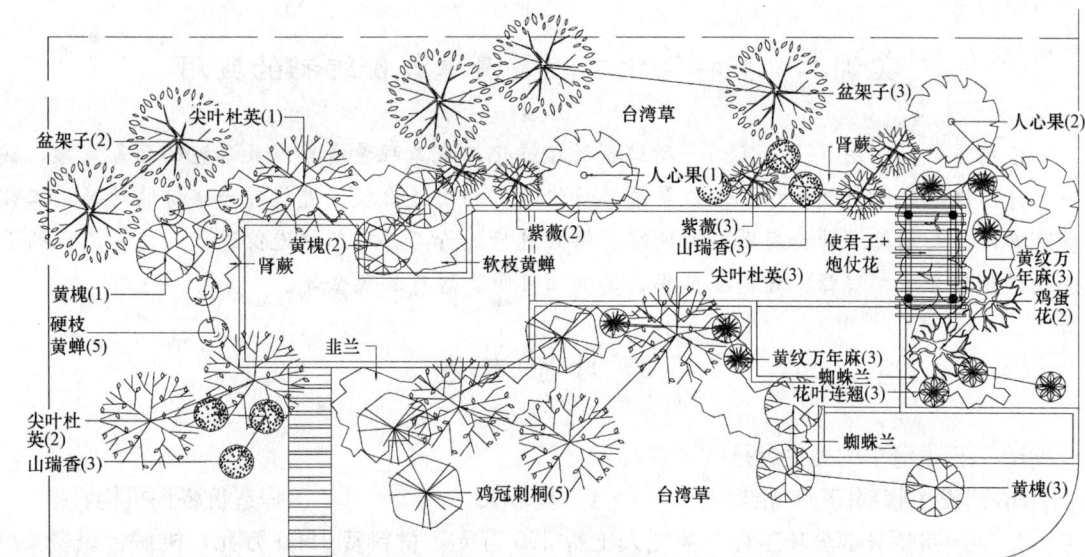

种植设计总平面图 1:100

图 5-8　园林绿化工程种植设计总平面图

苗　木　表

序号	苗木名称	数量	单位	规　格	备　注
1	尖叶杜英	6	株	高 4.0~4.5m，胸径 13~15cm，冠幅 3.0~3.5m	假植苗
2	人参果	3	株	高 4.0~4.5m，胸径 13~15cm，冠幅 2.5~3.0m	假植苗
3	盆架子	5	株	高 4.5~5.0m，胸径 13~15cm，冠幅 2.5~3.0m	假植苗
4	鸡冠刺桐	3	株	高 3.0~3.5m，胸径 13~15cm，冠幅 2.5~3.0m	假植苗
5	黄槐	6	株	高 2.5~3.0m，胸径 8~10cm，冠幅 2.0~2.8m	假植苗
6	鸡蛋花	2	株	高 2.5~3.0m，胸径 10~12cm，冠幅 2.5~3.0m	假植苗
7	紫薇	5	株	高 2.5~3.0m，胸径 5~6cm，冠幅 1.2~1.5m	
8	山瑞香	6	株	高 1.0~1.2m，冠幅 1.3~1.5m	
9	硬枝黄蝉	5	株	高 1.0~1.2m，冠幅 1.0~1.3m	
10	花叶连翘	3	株	高 1.0~1.2m，冠幅 1.0~1.3m	
11	黄纹万年麻	6	株	冠幅 0.7~0.9m	
12	软枝黄蝉	15	m²	七斤袋	16 袋/m²
13	蜘蛛兰	32	m²	五斤袋	25 袋/m²
14	韭兰	13	m²	三斤袋	64 袋/m²
15	肾蕨	28	m²	五斤袋	36 袋/m²
16	使君子	4	袋	七斤袋	每根柱子 2 盆
17	炮仗花	4	袋	七斤袋	每根柱子 2 盆
18	台湾草	440	m²	30×30cm/件，九成以上草	

图 5-9　种植设计苗木表

实训二　园林绿化工程量清单计价编制的应用

根据图 5-2～图 5-9、实训一所编制的该绿化工程工程量清单以及各地的预算定额，按照《计价规范》进行园林绿化工程量清单计价。可利用造价软件进行综合单价的计算。工程量清单计价表须按《计价规则》的内容、格式进行计价，并对工程造价进行汇总，工程的造价包括分部分项工程费、措施项目费、其他项目费、规费和税金等。

复 习 思 考 题

1. 工程量清单的提供者是（　　）。

A. 建设主管部门　B. 招标人　　　　C. 投标人　　　　　D. 工程造价咨询机构

2. 某园路桥分部分项工程，消耗人工费 300 万元，材料费 1500 万元，机械台班费 200 万元，管理费 40%，利润 5%，则根据工程量清单计价方法，该园路桥分部分项费用为（　　）万元。

A. 2000　　　　　　B. 2120　　　　　　C. 2015　　　　　D. 2135

3. 下列（　　）不是工程量清单的基本计量单位

A. 吨、千克　　　　　　　　　　B. 立方米、平方米、米

C. 套、项、系统　　　　　　　　D. 100m³、100m²、10m

4. 某分部分项工程的清单编码为 040301001×××，则该分部分项工程所属工程类别为（　　）。

A. 建筑工程　　　B. 市政工程　　　C. 园林绿化工程　　　D. 安装工程

5. 种植工程工程量计算中正确的应该是（　　）。

A. 乔灌木以株计算，绿篱以平方米计算

B. 起挖栽植乔灌木带土球的、裸根的均以胸径计算

C. 起挖与栽植丛生竹，按竹根的丛数计算工程量

D. 植物修剪、新树浇水的工程量以株数计算

6. 工程量清单计价的费用组成有哪些？

7. 绿化工程，园路、园桥、假山工程，园林景观工程的工程量计算分别要注意哪些问题？

8. 工程量清单的项目设置有什么？

9. 简述建设工程各类费用的计价方法。

第6章　园林工程结算与竣工决算

知识要点：
- 园林工程结算与决算、审查

技能要点：
- 结算与决算的编制

6.1　园林工程结算

园林工程竣工结算是指园林施工企业按照合同规定的内容全部完成所承包的工程，经验收质量合格，并符合合同要求之后，对照原设计施工图，根据增减变化内容，编制调整预算，作为向发包单位（业主）进行的最终工程价款结算。竣工结算由园林施工单位编制报业主后，业主将自行或委托造价咨询部门审核，其审定后的最终结果，将直接牵涉到施工单位的切身利益。

6.1.1　园林工程竣工结算的内容

（1）工程开工前的施工准备和"三通一平"的费用计算是否准确。

（2）钢筋混凝土结构工程中含钢量是否按规定进行了调整。

（3）加工订货的项目、规格、数量、单价与工程预算及实际安装的规格、数量、单价是否相符。

（4）特殊工程中使用的特殊材料的单价有无变化。

（5）施工变更记录、技术经济签证与预算或合同价的调整是否相符。

（6）分包工程费用支出与预算收入是否相符。

（7）图纸要求与实际施工有无不相符的项目。

（8）施工项目的工程量有无漏算、多算或计算失误等。

（9）检查各项费率、价格指数或换算系数正确与否，价格调整是否符合要求。

（10）工程竣工结算书的项目多、篇目多，要认真核对和计算。

单项工程竣工验收后，园林施工企业应及时整理交工程技术资料。主要工程应绘制竣工图并编制竣工结算以及施工合同、补充协议、设计变更洽商等资料，送建设单位审查，经承发包双方达成一致意见后办理结算。但属于中央和地方财政投资的园林工程的结算，需经财政主管部门委托的专业银行或中介机构审查，有的工程还需经过审计部门审计。

6.1.2　工程竣工结算的作用

以施工图预算或中标价生效起，至工程交工办理竣工结算的整个过程为施工图预算或中标价的实施阶段。在这个阶段中，由于图纸的变更、修改以及施工现场发生的各种经济签证引起了原工程造价的变动，为了及时准确地反映工程造价变动的情况，应当及时编制单位工程的增减费用，作为施工图预算或中标价的补充文件，直至最后一次的增减预算及竣工结算为止。增减工程费用只是工程结算的过渡阶段，而竣工结算才是确定单位或单项工程造价的最后阶段。

单位工程或单项工程竣工交付使用后，均应立即办理竣工结算手续。竣工结算手续由施工企业提出结算书，经建设单位审查盖章，建设银行据此结清施工单位应取的造价。

施工单位在单位工程的施工阶段，应根据单位工程的增减费用随时调整计划及统计进度，及时修正预算成本及其他各种有关的经济指标，以使企业的经济管理的各种数据报表和经营效果准确可靠。当最后的竣工结算生效后，施工单位据此调整最后的工程统计报表及数据，财务部门进行单位工程的成本核算，材料部门进行单位工程的材料核算，劳资部门进行单位工程的劳动力的成本核算，国家据此调整工程的投资。因此造价费用的调整不但涉及日常的企业管理工作，关系到企业经营效果的好坏，而且影响到国家的计划统计工作，不仅要及时，而且数字要准确可靠。

6.1.3　工程竣工结算编制依据

工程竣工结算的编制是一项政策性强、反映技术经济综合能力的工作，既要做到正确地反映工人创造的工程价值，又要正确地贯彻执行国家有关部门的各项规定。编制工程竣工结算必须收集以下依据。

(1) 招、投标文件，施工图概（预）算以及经建设行政主管部门审查的建设工程施工合同书。

(2) 中标投标书的报价单。

(3) 工程竣工报告及工程竣工验收单。

(4) 设计变更通知单和施工现场工程变更洽商记录。

(5) 按照有关部门规定及合同中有关条文规定持凭据进行结算的原始凭证。

(6) 有关施工技术资料。

(7) 工程质量保修书。

(8) 本地区现行的概（预）算定额、材料预算价格、费用定额及有关文件规定。

(9) 其他有关技术资料。

6.1.4　其他与竣工结算有关的资料

承包人在施工中应建立完整的竣工结算资料保证制度，项目经理部在施工中还要注意收集其他相关的结算资料。

(1) 发包人的指令文件。

(2) 商品混凝土供应记录。

(3) 材料代用资料。

(4) 材料价格变动文件。

(5) 隐蔽工程记录及施工日志。

(6) 竣工图和竣工验收报告等。

6.1.5　工程竣工结算的计价形式

1. 决标或议标后的合同价加签证结算方式

（1）合同价。经过建设单位、园林施工企业、招投标主管部门对标底和投标报价进行综合评定后确定的中标价，以合同的形式固定下来。

（2）变更增减账等。对合同中未包括的条款或出现的一些不可预见费，在施工过程中由于工程变更所增、减的费用，经建设单位或监理工程师签证后，与原中标合同价一起结算。

2. 施工图概（预）算加签证结算方式

（1）施工图概（预）算。这种结算方式适用于小型园林工程，一般是以经建设单位审定后的施工图概（预）算作为工程竣工结算的依据。

（2）变更增减账等。凡施工图概（预）算未包括的，在施工过程中工程变更所增减的费用，各种材料（构配件）预算价格与实际价的差价等，经建设单位或监理工程师签证后，与审定的施工图预算一起在竣工结算中进行调整。

3. 预算包干结算方式

预算包干结算也称施工图预算加系数包干结算，其公式为：

结算工程造价＝经施工单位审定后的施工图预算造价×（1＋包干系数）

在签订合同时，要明确预算外包干系数、包干内容及范围。包干费通常不包括因下列原因增加的费用。

（1）在原施工图外增加建设面积。

（2）工程结构设计变更、标准提高，非施工原因的工艺流程的改变等。

（3）隐蔽性工程的基础加固处理。

（4）非人为因素所造成的损失。

4. 平方米造价包干的结算方式

它是双方根据一定的工程资料，事先协商好每平方米造价指标后，乘以建设面积计算工程造价进行结算的方式。其公式为：

结算工程造价＝建设面积×每平方米造价

此种方式适用于广场铺装、草坪铺设等。

6.1.6　工程竣工结算的审查

园林工程竣工结算编制后要有严格的审查，一般从以下几个方面入手。

1. 核对合同条款

首先，应该对竣工工程是否符合合同条件要求，工程是否竣工验收合格，只有按合同要求完成全部工程并验收合格才能竣工结算。其次，应按合同规定的结算方法、计价定额、取费标准、主材价格和优惠条款等，对工程竣工结算进行审核，若发现合同开口或有漏洞，应请建设单位与施工单位认真研究，明确结算要求。

2. 检查隐蔽验收记录

所有隐蔽工程均需进行验收，并由两人以上签证。实行工程监理的项目应经监理工程师签证确认。审核竣工结算时应核对隐蔽工程施工记录和验收签证，手续完整、工程量与竣工

图一致方可列入结算。

3. 落实设计变更签证

设计修改变更应有原设计单位出具的设计变更通知单和修改的设计图纸、校审人员签字并加盖公章，经建设单位和监理工程师审查同意、签证；重大设计变更应经原审批部门审批，否则不应列入结算。

4. 按图核实工程数量

竣工结算的工程量应依据竣工图、设计变更单和现场签证等进行核算，并按国家统一规定的计算规则计算工程量。

5. 执行定额单价

结算单价应按合同约定或招标规定的计价定额与计价原则确定。

6. 防止各种计算误差

工程竣工结算子目多、篇幅大，往往有计算误差，应认真核算，防止因计算误差多计或少算。

6.1.7 工程竣工结算的操作方法

工程竣工结算的编制，因承包方式的不同而有所不同，其结算方法均应根据各省市建设工程造价（定额）管理部门、当地园林管理部门和施工合同管理部门的有关规定办理工程结算。常用的结算方法有下列几种。

1. 在中标价格基础上进行调整

采用招标方式承包工程结算原则上应以中标价（议标价）为基础进行，如遇工程有较大设计变更、材料价格的调整、合同条款规定允许调整的或当合同条文规定不允许调整但非施工企业原因发生中标价格以外的费用时，承、发包双方应签订补充合同或协议，在编制竣工结算时，应按本地区主管部门的规定，在中标价格基础上进行调整。

2. 在施工图预算基础上进行调整

以原施工图预算为基础，对施工中发生的设计变更、原预算书与实际不相符、经济政策的变化等，编制变更增减账，根据增减的内容对施工图预算进行调整。具体增减的内容主要包括：工程量的增减，各种人、材、机价格的变化和各项费用的调整等。

3. 在结算时不再调整

采用施工图概（预）算加包干系数和平方米造价包干方式进行工程结算，一般在承包合同中已分清了承发包单位之间的义务和经济责任，不再办理施工过程中所承包范围内的经济洽商，在工程结算时不再办理增减调整。工程竣工后，仍以原预算加系数或平方米造价包干进行结算。

采用这种结算方式，必须对工程施工期内各种价格变化进行预测，获得一个综合系数，即风险系数。但承包或发包方均承担很大的风险，一般只适用于建设面积小、施工项目单一、工期短的园林工程。对工期较长、施工项目复杂、材料品种多的园林工程不宜采用这种方式。

6.2 园林工程竣工决算

工程决算是指一个建设工程的施工活动与原设计图纸相比发生了一些变化，这些变化涉及工程造价，使工程造价与原施工图预算比较有增加或减少，将这些变化在工程竣工以后按编制施工图预算的方法与规定，逐项进行调整计算得出的结果，就是竣工决算。

6.2.1　园林工程竣工决算的作用

基本建设项目竣工后，及时编制工程竣工决算，有以下几方面作用。

（1）确定新增固定资产和流动资产价值，办理交付使用、考核和分析投资效果的依据。

（2）及时办理竣工决算，不仅能够准确反映基本建设项目实际造价和投资效果，而且对投入生产或使用后的经营管理，也有重要作用。

（3）办理竣工决算后，建设单位和施工企业可以正确地计算生产成本和企业利润，便于经济核算。

（4）通过编制竣工决算与概、预算的对比分析，可以考核建设成本，总结经验教训，积累技术经济资料，促进提高投资效果。

6.2.2　园林工程竣工决算的分类

竣工决算分为施工企业竣工决算和基本建设项目竣工决算。园林施工企业的竣工决算是企业内部对竣工的单位工程进行实际成本分析，反映其经济效果的一项决算工作。它是以单位工程的竣工结算为依据，核算其预算成本、实际成本和成本降低额，并编制单位工程竣工成本决算表，以总结经验，提高企业经营管理水平。基本建设项目竣工决算是建设单位根据国家建委《关于基本建设项目验收暂行规定》的要求，所有新建、改建和扩建工程建设项目竣工以后都应编报的竣工决算。它是反映整个建设项目从筹建到竣工验收投产的全部实际支出费用的文件。

6.2.3　园林工程竣工决算的内容

园林工程竣工决算是在建设项目或单项工程完工后，由建设单位财务及有关部门，以竣工结算、前期工程费用等资料为基础进行编制。竣工决算全面反映了建设项目或单项工程从筹建到竣工使用全过程中各项资金的使用情况和设计概（预）算执行的结果，它是考核建设成本的重要依据。竣工决算的主要内容见表6-1。

表6-1　　　　　　　　　　　　园林工程竣工决算内容表

表 现 形 式	内　　　容
文字说明	1. 工程概况 2. 设计概算和建设项目计划的执行情况 3. 各项技术经济指标完成情况及各项资金使用情况 4. 建设工期、建设成本、投资效果等
竣工工程概况表	将设计概算的主要指标与实际完成的各项主要指标进行对比，可采用表格的形式
竣工财务决算表	用表格形式反映出资金来源与资金运用情况
交付使用财产明细表	交付使用的园林项目中固定资产的详细内容，不同类型的固定资产应相应采用不同形式的表格　例如：园林建筑等可用交付使用财产、结构、工程量（包括设计、实际）概算（实际的建设投资、其他基建投资）等项来表示。设备安装可用交付使用财产名称、规格型号、数量、概算、实际设备投资、建设基建投资等项来表示

建设工程决算书范例见表6-2～表6-12。

表 6 - 2　　　　　　　　　　　　建设工程结算书封面

工程名称：_____

编　　号：_____

建设工程结算书

建 设 单 位：_____（名称）_____

施 工 单 位：_____（盖章）_____

造 价 工 程 师
（造价员）　：_____（签字盖执业专用章）_____

编 制 时 间：_____

表 6 - 3　　　　　　　　　　　　建设工程结算书目录

目　　录

1. 工程项目总价表
2. 单项工程费用表
3. 单位工程费用表
4. 分部分项工程费增（减）表
5. 措施项目费增（减）表
6. 其他项目费增减表
7. 零星工作项目费增减表
8. 主要材料、设备增减表一（乙供材料、设备表）
9. 主要材料、设备增减表二（甲供材料、设备表）

注：上述表格形式适用于反映结算价相对于合同价的变更、增加与调整部分。如果建设单位要求报送的结算价中不仅包括变更、增加与调整部分，而且需包含原合同价未调整部分，可参照上述表格编制结算书，未调整部分对应的送审增减量、送审增减价的值均为零，可用空白或零值表示。

表 6 - 4　　　　　　　　　　　**工 程 项 目 总 价 表**

工程名称：　　　　　　　　　　　　　　　　　　　　　　　　第 页 共 页

序号	单项工程名称	合同价/元	送审增减价/元	送审价/元	备　注
	合　　计				

注：送审增减价＝送审价－合同价。

表 6 - 5　　　　　　　　　　　**单 项 工 程 费 用 表**

工程名称：　　　　　　　　　　　　　　　　　　　　　　　　第 页 共 页

序号	单位工程名称	合同价/元	送审增减价/元	送审价/元	备　注
	合　　计				

表 6 - 6　　　　　　　　　　　**单 位 工 程 费 用 表**

工程名称：　　　　　　　　　　　　　　　　　　　　　　　　第 页 共 页

序号	项目名称	合同价/元	送审增减价/元	送审价/元	备　注
1	分部分项工程费				
2	措施项目清单费				
3	其他项目清单费				
4	规费				
	劳动定额测定费				
	劳动保险费				
	安全监督费				
5	税金				
	合　　计				

表 6 - 7　　　　　　　　　　　**分部分项工程费增（减）表**

工程名称：　　　　　　　　　　　　　　　　　　　　　　　　　第　页　共　页

序号	项目编码	项目名称	计量单位	工程数量		综合单价/元		合价/元		增减原因说明
				合同量	送审增减量	合同价	送审增减价	合同价	送审增减价	
		本页小计								
		合　计								

注：送审增减量＝送审量－合同量，送审增减价＝送审价－合同量。

表 6 - 8　　　　　　　　　　　**措施项目费增（减）表**

工程名称：　　　　　　　　　　　　　　　　　　　　　　　　　第　页　共　页

序号	项 目 名 称	合同价/元	送审增减价/元	增减原因说明
	合　　计			

表 6 - 9　　　　　　　　　　　**其 他 项 目 费 增 减 表**

工程名称：　　　　　　　　　　　　　　　　　　　　　　　　　第　页　共　页

序号	项 目 名 称	合同价/元	送审增减价/元	增减原因说明
1	招标人部分			
	小　　计			
2	投标人部分			
	小　　计			
	合　　计			

表 6 - 10　　　　　　　　　　**零星工作项目费增减表**

工程名称：　　　　　　　　　　　　　　　　　　　　　　　　　　　第 页 共 页

序号	名　称	计量单位	数　量		综合单价/元		合价/元		增减原因说明
			合同量	送审增减量	合同价	送审增减价	合同价	送审增减价	
1	人　工								
	小　计								
2	材　料								
	小　计								
3	机　械								
	小　计								
	合　计								

表 6 - 11　　　　　　　　　　**主要材料、设备增减表一**

乙方供材料、设备表

工程名称：　　　　　　　　　　　　　　　　　　　　　　　　　　　第 页 共 页

序号	材料编码	材料名称	规格、型号等特殊要求	单位	数　量		单价/元		增减原因说明
					合同量	送审增减量	合同价	送审增减价	

表 6 - 12　　　　　　　　　　**主要材料、设备增减表二**

甲方供材料、设备表

工程名称：　　　　　　　　　　　　　　　　　　　　　　　　　　　第 页 共 页

序号	材料编码	材料名称	规格、型号等特殊要求	单位	数　量		单价/元		增减原因说明
					合同量	送审增减量	合同价	送审增减价	

复 习 思 考 题

一、填空题

1. 园林工程竣工结算是指园林施工企业按照合同规定的内容全部完成所承包的工程，经验收质量合格，并符合合同要求之后，对照原设计施工图，根据增减变化内容，编制调整预算，作为向发包单位（_____）进行的最终工程价款结算。

2. 竣工决算分为施工企业竣工决算和基本建设项目竣工决算，园林施工企业的竣工决算是企业内部对竣工的_____进行实际成本分析，反映其经济效果的一项决算工作。

二、简答题

1. 竣工结算编制后要有严格的审查，一般从哪几个方面入手？

2. 竣工决算的作用是什么？

第7章 园林工程招投标

知识要点：
- 园林建设工程招标与投标的概念
- 招标与投标度的基本程序

技能要点：
- 招标和投标文件的编写

7.1 园林工程招投标基础

7.1.1 园林工程招投标的概念和内容

招标是指招标人（买方）发出招标通知，说明采购的商品名称、规格、数量及其他条件，邀请投标人（卖方）在规定的时间、地点按照一定的程序进行投标的行为。

投标是指投标人应招标人的邀请，根据招标公告或招标单位的规定条件，在规定的时间内向招标人递价的行为。

实际上招标、投标是一种贸易方式的两个方面。目前，国际上采用的招标方式归纳起来有三类。

（1）竞争性招标，是指招标人邀请几个乃至几十个投标人参加投标。国际性竞争投标，有两种做法。

1）公开投标。公开投标是一种无限竞争性招标。采用这种做法时，招标人要在国内外主要报刊上刊登招标广告，凡对该项招标内容有兴趣的人均有机会购买招标资料进行投标。

2）选择性招标。选择性招标又称邀请招标，它是有限竞争性招标。采用这种做法时，招标人不在报刊上刊登广告，而是根据自己具体的业务关系和情报资料由招标人对客商进行邀请，进行资格预审后，再由他们进行投标。

（2）谈判招标又叫议标，它是非公开的，是一种非竞争性的招标。这种招标由招标人物色几家客商直接进行全程谈判，谈判成功，交易达成。

（3）两段招标，是指无限竞争招标和有限竞争招标的综合方式，采用此类方式时，则是用公开招标，再用选择招标分两段进行。

政府采购物资，大部分采用竞争性的公开招标办法。

我国从 20 世纪 80 年代初开始逐步实行招标制度，目前大量的经常性的招标投标业务主要集中在工程建设领域。采用招投标方式与直接交易方式等非竞争性的交易方式相比，具有明显的优越性。

7.1.2 招标投标法律法规

1.《中华人民共和国招标投标法》概述

《中华人民共和国招标投标法》的颁布施行，对于规范招标投标活动，保护国家利益、社会公共利益和招标投标活动当事人的合法权益，提高经济效益，保证项目质量，具有深远意义。

《中华人民共和国招标投标法》共分六章。

（1）总则。共分七条，规定了《中华人民共和国招标投标法》制定的目的、适用范围，必须进行招标投标的项目，招投标活动应遵循的原则以及对招标投标活动的行政监督管理规定等。

（2）招标。共分十七条，包括招标人和招标项目的规定，招标方式的规定，招标代理机构资格、工程内容的规定，招标过程中招标人行为的规定，招标文件内容及澄清、修改的规定及招标截止时间的规定等内容。

（3）投标。共七条，包括对投标人条件的界定，投标人投标行为的规定，投标文件内容的规定。另外，还包括成立联合体投标的具体规定和禁止投标活动中非行为的规定等内容。

（4）开标、评价和中标。共十五条，规定了开标的时间、参加人员、开标程序，评价委员会的组成、评标的要求，成为中标人的条件，中标通知书的发布，承包合同的签订等内容。

（5）法律责任。共十六条，包括招标人、招标代理机构、投标人、评标委员会、中标人、招投标行政管理机构在招投标过程中承担的法律责任的规定和违法行为的处分等内容。

（6）附则。共四条，说明可不进行招投标的行为或可不适用本法的规定，以及本法施行的时间。

2.《中华人民共和国招标投标法》的立法目的

（1）规范招投标活动。我国在推行招投标制度的过程中，存在着一些突出问题，如在招投标过程中进行"暗箱操作"、搞虚假招投标、投标程序不规范、投标人串通投标等行为，违反了公平、公开、公正的原则。在总结我国招投标制的实践经验和借鉴国外招投标立法通行做法的基础上，制定了《中华人民共和国招标投标法》（以下简称《招标投标法》），以法律的形式规范招标投标行为，确立了我国招标投标必须遵守的基本规则和程序，对违反《招标投标法》规则的行为依法追究法律责任，以保证招标投标活动的正常开展。

（2）保护国家利益。《招标投标法》的实施，对保障我国财政资金和其他国有资金的节约和合理使用有重大作用。在国有基金采购项目中施行招投标，使采购活动在公开、公平、公正的环境中运作，这对于有效消除工程发包和其他采购活动中的腐败行为有重要意义，有利于反腐倡廉，防止国有资产流失。

（3）保护社会公众利益。按照《招标投标法》第三条的规定，将大型基础设施、公共事业等关系社会公共利益、公众安全的建设项目，不论其资源来源，都纳入强制招投标范围，以充分利用招投标制的竞争作用，确保这类与公众利益有关的工程建设质量。

（4）保护招标投标活动当事人的合法权益。针对实践中存在的一些侵犯招投标活动当事人合法权益的主要问题，《招标投标法》对各方当事人应当享有的基本权利做了规定，以保证双方的合法权益。

（5）提高经济效益和工程质量。施行招投标制，依照法定招标投标程序，通过竞争，选择技术强、信誉好、质量保障体系可靠的投标人，有利于节约投资、缩短工期、提高质量，从而有利于提高投资效益以及项目建成后的经济效益。从我国建设工程领域推行招投标制的实践情况来看，通过招标，一般可节约建设投资资金 1%～3%，缩短工期10% 左右。

3. 招标投标活动的原则

（1）公平原则。

1）有关招标活动的信息要公开，应发布招标公告、资格预审公告、招标邀请书，其中载明潜在投标人决定是否参加投标竞争所需的信息。在发布招标公告或招标邀请书的基础上，应该按照招标公告或招标邀请书中载明的时间和地点，向有意参加投标的承包商、供应商提供招标文件。

2）开标程序要公开。所有招标人均可参加开标，开标时先由投标人或其他代表检查投标文件密封无误后，再由招标人员当众拆开，并唱读投标文件中投标报价等主要内容，一切程序均接受所有投标人的监督。

3）评价的标准和程序公开。评价的标准和办法应当在所有投标人的招标文件中载明，评价应当严格按照招标文件载明的标准和办法进行，不得采用招标文件未列明的任何标准，且招标人不得参与就投标价格、招标方案等实质性内容谈判。

4）中标的结果要公开。确定中标人后，招标人应当向中标人发出中标通知书，并同时将中标结果通知所有未中标的投标人。未中标的投标人对招标活动和中标结果有异议的，有权向招标人提出或向有关行政监督部门投诉。

（2）公正原则。在投标活动中要贯彻"公正"原则。对招标人来说，就是要严格按照公开的招标条件和程序办事，同等地对待每一个投标竞争者。例如，招标人提供相同的招标信息；招标人对招标文件的解释和澄清应提供给所有投标人；对所有投标人的资格预审、评价适用相同的标准和程序，不得向任何投标人泄露标底或其工作人员采取行贿、提供回扣或给予其他好处等不正当竞争手段。就招标人与投标人的关系来说，双方在采购活动中地位平等，任何一方不得向另一方提出不合理的要求，不得将自己的意志强加给对方。

（3）诚实守信原则。招投标活动是以订立采购合同为目的的民事活动，在招投标活动中要遵循诚实守信原则，要求招投标双方都要诚实守信，不得有欺骗、背信的行为。例如，招标人不得以任何形式搞虚假招标；投标人递交的资格证明材料和投标书的各项内容都要真实；中标订立合同后，各方都要严格履行合同。对违反诚实守信原则，给对方造成损失的，要依法承担赔偿责任。

针对我国在推行招标投标制度过程中出现的行业垄断、地方保护等干扰招标投标活动正常进行的问题，《招标投标法》第六条明确规定："依法必须进行招标的项目，其招标投标活动不受地区或者部门的限制。任何单位和个人不得以任何方式非法干涉招标投标活动。"

4. 招标投标活动的行政监督

按照《招标投标法》第七条规定，对招标投标活动的行政监督必须依法进行。有关部门监督管理的职权必须遵守法律、行政法规的规定。在管理中要分清职责范围，对于由招标投标活动当事人自主决定的事项，行政机关不得凭借其行政权力违法进行干预，侵害其合法权益的，可以依照行政复议法的规定向上级行政机构申请复议，或按照法律规定，向人民法院提起行政诉讼。

除了强调行政机关必须依法进行管理外，招标投标活动及当事人双方也应当依法接受监督，包括向有关行政监督管理部门如实提供资料、接受依法进行的检查等。拒不接受监督检查的，要承担相应的法律责任，有关行政机关可依法采取强制措施或申请法院采取强制实施。

5. 对招标投标活动进行监督管理的事项

《招标投标法》第七条规定，对招标投标活动中的行政监督以及有关行政部门在招标投标监督管理中的职权划分，由国务院规定。在国务院向全国人大常委会所做的关于《招标投标法》草案的说明中阐明："考虑到实行招标投标的领域比较广，涉及不少部门，不可能由一个部门对招标投标活动统一施行监督，只能根据不同领域工程建设的特点，由有关部门在各自的职权范围内分别负责对招标投标活动进行监督。而且有关部门的职权随着政府机构改革的深化，还可能有所调整。"

对依照《招标投标法》规定必须招标项目是否进行招标实行监督。凡属《招标投标法》第三条的工程建设项目及有关的重要设备、材料的采购，其采购规模到达国务院有关部门依照《招标投标法》授权制定的规模标准之上的，必须依照《招标投标法》规定进行招投标。对这些法定强制招标的项目是否依法进行了招投标，有关行政部门应依法进行反监督。

对法定招投标项目是否依照法定规定的规则和程序进行招标投标实施监督。包括：对招标人是否采用适当的招标方式进行监督；对招标代理机构是否具有资格以及是否接受招标人的委托进行招标代理进行监督；对招标人是否依法提供招标信息，依法接受投标人投标，依法进行开标、评标、定标，直至依法与中标人签订合同进行监督；对投标人是否依法参加投标活动，进行正当竞争进行监督。

依法查处投标活动中违法行为。依照《招标投标法》第五章关于法律责任的规定，有关行政监督部门对违反本法的行为，包括对法定强制招标项目不进行招标的，招标人、投标人、招标代理机构不按本法规定的规则和程序进行招投标活动的情况，除责令改正外，依法给予罚款、没收违法所得、取消资格、责令停业、吊销营业执照等行政处罚。

7.2 园林工程招标

7.2.1 园林工程招标应具备的条件

1. 工程项目招标应具备的条件

为了建立和维护正常的建设工程招标程序，在建设工程招标程序正式开始前，招标人必须完成必要的准备工作，以具备招标所需要的条件。

（1）建设单位的资质能力条件。对建设工程招标人的招标资质要求，主要有以下几方面内容。

1）招标人必须有与招标工程相适应的技术、经济、管理人员。

2）招标人必须有编造招标文件和标底，审查投标人投标资格，组织开标、评标、定价的能力。

3）招标人必须设立专门的招标组织，招标组织形式上可以是基建处（办、科）、筹建处（办）、指挥部等。

凡符合上述要求的，经招标管理机构审查合格后发给招标组织资质证书。招标人不服规定，未持有招标组织资质证书的，不得自行组织招标，只能委托具有相应资质的招标代理人代理组织招标。

至于对建设工程招标人招标资质的具体等级划分和各级的认定标准，目前国家尚无明确规定，各地的规定也都是原则上的，且不统一。根据一般做法，建设工程招标人的招标资质大致可分为甲级招标资质、乙级招标资质和丙级招标资质三个等级。其中，甲级招标资质是最高等级，具有该资质的招标人可以自行组织任何工程项目招标工作。

（2）建设单位的施工准备条件。拟建工程项目的法人向其主管部门申请招标前，必须是已经完成了一定准备工作，具备了以下招标条件。

1）建设项目预算已经被批准。

2）建设项目已正式列入国家部门或地方的国家投资计划。

3）建设用地的征用工作已经完成。

4）有能够满足施工需要的施工图纸及技术材料。

5）有进行招标项目的建设资金或有确定的资金来源，主要材料、设备的来源已经落实。

6）经过工程项目所在地的规划部门批准，施工现场的"三通一平"已经完成或一并列入施工招标范围。

2. 工程项目招标的类型

按工程项目建设程序分类，工程项目建设过程可分为建设前阶段、勘察设计阶段和施工阶段。因而按工程项目建设程序，招标可分为工程项目开发招标、勘察设计招标和施工招标三种类型。

按工程发包承包的范围，可以将建设工程招标分为工程总承包招标、工程分承包招标和工程专项承包招标。

按行业类型分类，即按工程建设相关的业务性质分类，可以分为土木工程招标、勘察设计招标、材料设备招标、安装工程招标、生产工艺技术转让招标、咨询服务（工程咨询）招标等。

7.2.2　园林工程的招标方式和程序

招标在具体的运作过程中具有几种不同的表现形式。

1. 招标方式

（1）公开招标。公开招标，又叫竞争性招标，即由招标人在报刊、电子网络或其他媒体上刊登招标公告，吸引众多企业单位参加投标竞争，招标人从中择优选择中标单位的招标方式。按照竞争程度，公开招标可分为国际竞争性招标和国内竞争性招标。

1) 国际竞争性招标。这是在世界范围内进行招标，国内外合格的投标商均可以投标。要求制作完整的英文标书，在国际上通过各种宣传媒介刊登招标公告。例如，世界银行对贷款项目货物及工程的采购规定了三个原则：必须注意节约资金并提高效率，即经济有效；要为世界银行的全部成员国提供平等的竞争机会，不歧视投标人；有利于促进借款国本国的建筑业和制造业的发展。世界银行在确定项目的采购方式时都从这三个原则出发，其中国际竞争性招标是采用的最多、占采购金额最大的一种方式。它的特点是高效、经济、公平，特别是采购合同金额较大，国外投标商感兴趣的货物、工程要求必须采用国际竞争性招标。世界银行根据不同地区和国家的情况，规定了凡采购金额在一定限额以上的货物和工程合同，都必须采用国际竞争性招标。对一般借款国来说，25 万美元以上的货物采购合同，大中型工程采购合同，都应采用国际竞争性招标。我国的贷款项目金额一般都比较大，世界银行对中国的国际竞争性招标采购限额也放宽一些，工业项目采购凡在 100 万美元以上，均应采用国际竞争性招标来进行。

实践证明，尽管国际竞争性招标程序比较复杂，但确实有很多的优点。首先，由于投标竞争激烈，买主可以以有利的价格采购到需要的设备和工程。其次，可以引进先进的设备、技术和工程技术及管理经验。第三，可以保证所有合格的投标人都有参加投标的机会。由于国际竞争性招标对货物、设备和工程的客观的衡量标准，可促进发展中国家的制造商和承包商提高产品和工程建造质量，提高国际竞争力。第四，保证采购工作根据预先指定并为大家所知道的程序和标准公开而客观地进行，因而减少了在采购中作弊的可能。

当然，国际竞争性招标也存在一些缺陷。主要是：第一，国际竞争性招标费时较多。国际竞争性招标有一套周密而比较复杂的程序，从招标公告、投标人作出反应、评标到授予合同，一般都要半年到一年以上的时间。第二，国际竞争性招标所需准备的文件较多。招标文件要明确规范各种技术规格、评标标准以及买卖双方的义务等内容。招标文件中任何含糊不清或未予明确的都有可能导致执行合同意见不一致，甚至造成争执。另外还要将大量文件译成国际通用文字，因而增加很大工作量。第三，在中标的供应商和承包商中，发展中国家所占份额很少。在世界银行用于采购的贷款总金额中，国际竞争性招标约占 60%，其中，发达国家如美国、德国、日本等发达国家中标额就占到 80% 左右。

2) 国内竞争性招标。在国内进行招标，可用本国语言编写标书，只在国内的媒体上登出广告，公开出售标书，公开开标。通常用于合同金额较小（世界银行规定：一般 50 万美元以下）、采购品种比较分散、分批交货时间较长、劳动密集型、商品成本较低而运费较高、当地价格明显低于国际市场等的物资采购。此外，若从国内采购货物或者工程建筑可以大大节省时间，而且这种便利将对项目的实施具有重要的意义，也可仅在国内实行竞争性招标采购。在国内竞争性招标的情况下，如果外国公司愿意参加，则应允许他们按照国内竞争性招标参加投标，不应人为设置障碍，妨碍其公平参加竞争。国内竞争性招标的程序大致与国际竞争性招标相同。由于国内竞争招标限制了竞争范围,通常国外供应商不能得到有关投标的信息,这与招标的原则不符,所以有关国际组织对国内竞争性招标都加以限制。

(2) 邀请招标。邀请招标,也称选择性招标,由招标人根据供应商、承包资信和业绩,选择一定数目的法人或其他组织(一般不能少于 3 家),向其发出投标邀请书,邀请他们参加投标竞争。被邀请单位同意参加投标后,从招标人处获取招标文件,并在规定时间内投标报价。

公开招标与邀请招标的区别主要在于以下几个方面。

1) 发布信息的方式不同。公开招标采用公告的形式发布,邀请招标采用投标邀请书的形式发布。

2) 选择的范围不同。公开招标因使用招标公告的形式,针对的是一切潜在的对招标项目感兴趣的法人或其他组织,招标人事先不知道投标人的数量;邀请招标针对已经了解的法人或其他组织,而且事先已经知道投标人的数量。

3) 竞争的范围不同。由于公开招标使所有符合条件的法人或其他组织都有机会参加投标,竞争的范围较广,竞争性体现得也比较充分,招标人拥有绝对的选择余地,容易获得最佳招标效果;邀请招标中投标人的数目有限,竞争的范围有限,招标人拥有的选择余地相对较小,有可能提高中标的合同价,也有可能将某些在技术上或报价上更有竞争力的供应商或承包商遗漏。

4) 公开的程度不同。公开招标中,所有的活动都必须严格按照预先指定并为大家所知道的程序和标准公开进行,大大减少了作弊的可能;相比而言,邀请招标的公开程度逊色一些,产生不法行为的机会也就多一些。

5) 时间和费用不同。由于邀请招标不发公告,招标文件只送几家,使整个招投标的时间大大缩短,招标费用也相应减少。公开招标的程序比较复杂,从发布公告,投标人作出反应,评标,到签订合同,有许多时间上的要求,要准备许多文件,因而耗时较长,费用也比较高。

(3) 议标招标。这是指业主指定少数几家承包单位,分别就承包范围的有关事宜进行协商,直到与某一承包商达成协议,将工程任务委托其去完成。议标招标与前两种招标方式相比,投标不具公开性和竞争性,因此容易发生幕后交易。但对于一些小型项目来说,采用议标方式目标明确,省时省力。

业主邀请议标的单位一般不应少于两家,只有在特定条件下,才能只邀请一家议标单位参加与议标。

2. 招标程序

(1) 工程项目招标一般程序。工程项目招标一般程序可分为三个阶段:一是招标准备阶段,二是招标阶段,三是决标成标阶段,其每个阶段具体步骤如图 7-1 所示。

按我国实行《工程建设施工招投标管理办法》规定,施工招标应按下列程序进行。

1) 由建设单位组织一个符合要求的招标班子。

2) 向招标办事机构提出招标申请书。

3) 编制招标文件和标底,并报招标办事机构审定。

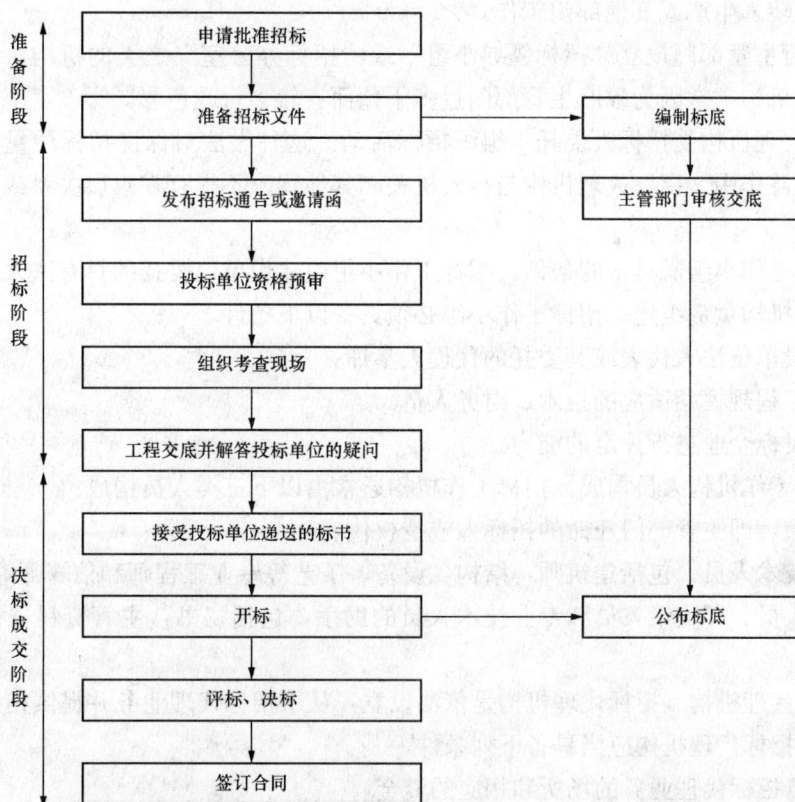

图 7-1 工程项目招标的一般程序

4）发布招标公告或发出招标邀请书。

5）招标单位申请招标。

6）对投标单位资质审查，并将审查结果通知各申请投标者。

7）向合格的投标单位分发投标文件及设计图样、技术资料等。

8）组织投标单位考察现场，并对招标文件答疑。

9）建立评标组织，制定评标文件和评标办法。

10）召开开标会议，审查投标书。

11）组织评定，决定中标单位。

12）发出中标通知书。

13）建设单位与中标单位签订承包合同。

（2）公开招标程序

建设工程项目公开招标程序也同工程项目招标一般程序一样分三个阶段：准备阶段、招标阶段和决标成交阶段。

3. 招标工作机构

（1）我国招标工作机构的形式。我国招标工作机构主要有以下三种形式。

1）由招标人的基本建设主管部门（处、科、室、组）或实行建设项目业主责任制的业主单位负责有关招标的全部工作。这些机构的工作人员一般是从各有关部门临时抽调的，项目建成后往往转入生产或其他部门工作。

2）由政府主管部门设立"招标领导小组"或"招标办公室"之类的机构，统一处理招标工作。这种机构常常因为政府主管部门过多干预而有较多行政色彩。

3）招标代理机构受招标人委托，组织招标活动。这种做法对保证招标质量、提高招标效益能起到有益作用。招标代理机构与行政机关和其他国家不得存在隶属关系或者其他利益关系。

（2）招标工作小组需具备的条件。招标工作小组由建设单位委托的具有法人资格的建设工程招标代理机构负责组建。招标工作小组必须具备以下条件。

1）有建设单位法人代表或其委托的代理人参加。

2）有与工程规模相适应的技术、财务人员。

3）有对投标企业进行评定的能力。

（3）招标工作机构人员构成。招标工作机构通常由以下三类人员构成。

1）决策人。即主管部门任命的招标人或授权代表。

2）专业技术人员。包括建筑师，结构、设备、工艺等专业工程师和估算师等。

3）助理人员。即决策人员和专业技术人员的助手，包括秘书，主管资料、档案等的工作人员。

（4）招标代理机构。招标代理机构是依法设立，从事招标代理业务并提供相关服务的社会中介组织。招标代理机构应当具备下列条件。

1）有从事招标代理业务的场所和相应的资金。

2）有能够编制招标文件和组织评标的相应专业力量。

3）有符合评标要求的评标委员专家库。

从事工程建设项目招标代理业务的招标代理机构，其资格由国务院或省、自治区、直辖市人民政府的建设行政主管部门认定，由国家建设行政主管部门会同国务院有关部门指定。

招标代理机构与行政机关和其他国家机关不得存在隶属关系或者其他利益关系，即招标代理机构依法独立成立，不得隶属于政府、主管行政等部门，也不得与之有任何利益关系。招标代理机构是独立的中介机构，招标代理机构应当在招标人委托的范围内办理招标事宜，并遵守招标投标法关于招标人的规定。

（5）招标工作机构的职能。招标工作机构的职能包括决策和处理日常事务两方面。

1）决策性工作包括以下事项。

①确定工程项目的发包范围，即决定是全过程统包还是分阶段发包或者单项工程发包、专业工程发包等。

②确定承包形式和承包内容，即决定采用总价合同承包、单价合同承包还是成本加酬金合同承包。

③确定承包方式，即决定是全部包工包料或包工不包料等。

④确定发包手段，即决定采用公开招标，还是邀请招标。

⑤确定标底。

⑥决定并签订合同或协议。

2）招标的日常事务包括以下工作。

①发布招标及资格预审通告或投标申请函。

②编制和发送或发售招标文件。

③组织现场考察和投标答疑。

④审查投标者资格。

⑤组织编制或委托代理机构编制标底。

⑥接受投标文件和函件。

⑦开标、审标，并组织评标。

⑧谈判签约。

⑨缴纳招标管理费。

⑩确定和发放标书编制补偿费。

⑪填写招标工作综合报告和报表。

7.2.3 园林工程招标的标底和招标文件

1. 园林工程项目招标标底的特点与组成

园林工程项目招标标底是园林建设工程招标投标中的一个重要内容，招标人设有标底的，标底必须保密，评标组织在评标时应当参考标底，标底对评标的过程和结果具有重要影响。

园林建设工程招标标底是指园林建设工程招标人对招标工程项目在方案、质量、期限、价金、方法、措施等方面的综合性理想控制（即自我预期控制）指标或预期要求。

建设工程招标的种类很多，从理论上分析，每一类招标都可以有标底。因为任何一个招标项目，招标人都有一定的招标意图，而招标人要做到对工程项目的质量、期限、价格、措施等心中有数，对招标的实质性交易条件有一个最起码的"底线"，就必须要有一个自我预期控制要求，即标底。如果没有标底，招标人对招标项目的预期和认同就常常会带有一定的盲目性，也不利于控制工程投资或费用总额，不利于保证质量。所以，根据具体情况和实际需要，建设工程勘察设计招标、施工招标、监理招标、材料设备供应招标和工程总承包招标等，都可以有标底。当然，不同类型招标的标底在具体内容和表现形式上是不尽相同的，如工程设计招标标底，主要反映招标人对设计方案、工艺、技术水平、设计质量和进度、设计取费等的预期控制要求；施工招标标底主要反映招标人对工程质量、工期、造价等的预期控制要求；工程监理招标标底主要反映招标人对监理方法与手段、监理服务质量、监理取费等的预期控制要求等。

建设工程招标标底应当既有定性要求也有定量要求，但由于定性要求比较抽象、灵活、难以衡量，所以，在工程招标实践中，通常以主要价格或费用等定量因素来反映和体现标底。而且一般只要求建设工程施工招标必须有标底，而不强求建设工程勘察设计招标、监理招标、材料设备采购招标等也要有标底。

施工招标的标底，从其形成和发展的沿革来看，曾出现过下列几种类型。

1）按发包工程总造价包干的标底。

2）按发包工程的工程量单位造价包干的标底。

3）按发包工程扩初设计总概算包干的标底。

4）按发包工程施工图预算包干、包部分材料的标底。

5）按发包工程施工图预算加系数包干的标底。

6）按发包工程每平方米造价包干的标底。

目前，在工程招标标底编制实践中，常用的主要是以工料单价计价的标底和以综合单价计价的标底。

2. 园林建设工程招标标底文件的组成

工程招标标底文件是对一系列反映招标人对招标工程交易预期控制要求的文字说明、数据、指标、图表的统称，是有关标底的定性要求和定量要求的各种书面表达形式。其核心内容是一系列数据指标，由于工程交易最终主要是用价格或酬金来体现的，所以，实践中，建设工程招标标底文件主要是指有关标底价格的文件，一般来说，工程招标标底文件主要由标底报审表和标底正文两部分组成，其格式如表7-1所示。

表7-1　　　　　　　　　　　　　　建设工程招标标底文件格式

建设工程招标标底文件
第一章　标底报审表
第二章　标底正文
第一节　总则
第二节　标的诸要求及其编制说明
第三节　标底价格计算用表
第四节　施工方案及现场条件

（1）标底报审表，标底报审表是招标文件和标底正文内容的综合摘要。通常包括以下内容。

1）招标工程综合说明。包括招标工程的名称、报建建筑面积、结构类型、建筑物层数、设计概算或修正概算总金额、施工质量要求、定额工期、计划工期、计划开工竣工时间等，必要时要附上招标工程（单项工程、单位工程等）一览表。

2）标底价格。包括招标工程的总造价，单方造价，钢材、木材、水泥等主要材料的总用量及其单方用量。

3）招标工程总造价中各项费用的说明。包括对包干系数、不可预见费用、工程特殊技术措施费等的说明，以及对增加或减少的项目的审定意见和说明。

采用工料单价和综合单价的标底报审表在内容（栏目设置）上不尽相同，治理仅以前者为例说明（见表7-2）

（2）标底正文。标底正文是详细反映招标人对工程价格、工期等的预期控制数据和具体要求的部分。一般包括以下内容。

表 7 - 2　　　　　　　　　　　**标底报审表（采用工料单价）**

建设单位		工程名称		报建建筑面积			层数		结构类型	
标底价格编制单位		编制人员			报审时间		年 月 日	工程类别		
建筑面积						建筑面积 m²				
项目		单方价 /(元/m²)	合价 /元			项目		单方价 /(元/m²)	合价 /元	
工程直接费合计						工程直接费合计				
工程间接费						工程间接费				
利润						利润				
其他费						其他费				
税金						税金				
标底价格总价						标底价格总价				
主要材料总量	钢材 /t	木材 /m³	水泥 /t			主要材料总量		钢材 /t	木材 /m³	水泥 /t

1）总则。主要是说明标的编制单位的名称、持有的标底编制资质等级证书，标底编制的人员及其执业资格证书，标底具备条件，编制标底的原则和方法，标底的审定机构，对标底的封存、保密要求等内容。

2）标底诸要求及其编制说明。主要说明招标人在方案、质量、期限、价金、方法、措施等诸方面的综合性预期控制指标或要求，并要阐释其依据、包括和不包括的内容、各有关费用的计算方式等。

在标底主要求中，要注意明确各单项工程、单位工程、室外工程的名称，建筑面积方案要点、质量、工期、单方造价以及总造价；明确钢材、木材、水泥等的总用量及单方用量，甲方供应的设备、构件与特殊材料的用量；明确分部与分项直接费、其他直接费、工资及主材的调价、企业经营费、利税取费等。

在标底编制说明中，要特别注意对标底价格的计算说明。对标底价格的计算说明，一般需要阐明以下几个问题。

关于工程量清单的使用和内容。主要是要说明工程量清单必须与投标须知、合同协议条款、技术规范和图纸一起使用，工程量清单中不再重复或概括工程及材料的一般说明，在编制和填写工程量清单的每一项单价和合价时，要参考投标须知和合同文件的有关条款。

关于工程量的结算。主要说明工程量清单所列的工程量是招标人估算的和临时的，只作为编制标底价格及投标报价的共同基础，付款则以实际完成的工程量为依据。实际完成的工程量由承包人计量、监理工程师核准。

关于标底价格的计价方式和采用的货币。主要是说明采用工料单价的，工程量清单中所填入的单价与合价，应按照现行预算定额的工、料、机消耗标准及预算价格确定，作为直接费的基础。其他直接费、间接费、利润、有关文件规定的调价、材料差价、设备价、现场因素费用、施工技术措施费、赶工措施费以及采用固定价格的工程所测算的风险金、税金等的费用，计入其他相应标底价格计算表中；采用中和单价的，工程量清单中所测的风险金、税金等的费用，计入其他相应标底价格计算表中。采用综合单价的，工程量清单中所填入的单价和合价，应包括人工费、材料费、其他直接费、间接费、有关文件规定的调价、利润税金以及现行取费中的有关费用、材料差价以及采用固定价格的工程所测算的风险金等的全部费用。标底价格中所有标价以人民币（或其他适当的货币）计价。

3）标底价格计算用表。采用工料单价的标底价格计算用表和采用综合单价的标底价格计算用表有所不同。采用工料单价的标底价格计算用表主要有标底价格汇总表，工程量清单汇总及取费表，工程量清单表，材料清单材料差价表，设备清单及价格表，现场因素、施工技术措施及赶工措施费用表等。采用综合单价的标底价格计算用表主要有标底价格汇总表，工程量清单表，设备清单及价格表，现场因素、施工技术措施及赶工措施费用表，材料清单及材料差价表，人工工日及人工费用表，机械台班及机械费用表。

4）施工方案及现场条件。这部分主要说明施工方法给定条件、工程建设地点现场条件及列明临时设施布置和临时用地表等。

关于施工方法给定条件。包括：第一，各分部分项工程的完整的施工方法、保证质量的措施；第二，各分部分项工程的施工进度计划；第三，施工机械的进场计划；第四，工程材料的进场计划；第五，施工现场平面布置图及施工道路平面图；第六，冬、雨季施工措施；第七，地下管线及其他地上地下设施的加固措施；第八，保证安全生产、文明施工、减少扰民、降低环境污染和噪声的措施。

关于工程建设地点现场条件。现场自然条件包括现场环境、地形、地貌、地质、水文、地震烈度及气温、雨雪量、风向、风力等。现场施工条件包括建设用地面积、建筑物占用面积、场地拆迁及平整情况、施工用水电及有关勘探资料等。

关于临时设施布置及临时用地表。对临时设施布置，招标人应提交一份施工现场临时设施布置图表并附文字说明，说明临时设施、加工车间、现场办公、设备及储藏、供电、供水、卫生、生活等设施的情况和布置。对临时用地，招标人要列表注明全部临时实施用地的面积、详细用途和需用时间。

3. 园林建设工程招标文件的组成

园林建设工程招标文件是由一系列有关招标方面的说明性文件资料组成的，包括各种旨在阐释招标人意志的书面文字、图表、电报、传真、电信等材料。一般来说，招标文件在形式上主要包括正式文件、对正式文本的解释对正式文本的修改三个部分。

（1）招标文件正式文本。招标文件正式文本的形式结构通常分卷、章、条目，格式如表7-3所示。

表7-3 招 标 文 件 格 式

工程招投标文件
第一卷 投标须知、合同条件和合同格式
第一章 投标须知
第二章 合同条件
第三章 合同协议条款
第四章 合同格式
第二卷 技术规范
第五章 技术规范
第三卷 投标文件
第六章 投标书和投标书附录
第七章 工程量清单与报价表
第八章 辅助资料表
第四卷 图纸
第九章 图纸

（2）对招标文件正式文本的解释（澄清）。其形式主要是书面答复、投标人如果认为招标文件有问题需要澄清，应在收到招标文件后以文字、电传、传真或电报等书面形式向招标人提出，招标人将以文字、电传、传真或电报等书面形式或以投标预备会的方式给予解答。解答包括对询问的解释，但不说明询问来源。解答意见经招投标管理机制核准，有招标人送给所有获得招标文件的投标人。

（3）对招标文件正式文件文本的修改。其主要形式是补充通知、修改书等。在投标截止日期前，招标人可以自己主动对招标文件进行修改，或为解答投标人要求澄清的问题而对招标文件进行修改。修改意见经招投标管理机构核准，由招标人以文字、电传、传真或电子邮件等书面形式发给所有获得招标文件的投标人。对招标人起约束作用。投标人收到修改意见以后应立即以书面形式（回执）通知招标人，确认已收到修改意见。为了给投标人一定的时间，使他们在编制投标文件时将修改意见考虑进去，招标人可以酌情延长递交文件的截止日期。

（4）园林建设工程招标文件的编审规划。园林建设工程招标文件由招标人或投标人委托的招标代理人负责编制，由建设工程招投标管理机构负责审定。未经建设工程招投标管理机构审定，建设工程招标人或招标代理人不得将招标文件分送给投标人。

编制和审定建设工程招投标文件的原则和方法是一致的。从实践来看，编制和审定建设工程招投标文件应当遵循以下规则。

1）遵守法律、法规、规章和有关方针、政策的规定，符合有关贷款组织的合法要求。保证招标文件的合法性是编制和审定招标文件必须遵循的一个根本原则。不合法的招标文件是无效的，不受法律保护。

2）真实可靠、完整统一、具体明确、诚实信用。招标文件反映的情况和要求必须真实可靠，招标方必须讲究信用，不能欺骗或误导投标人，招标人或招标代理人对招标文件的真实性负责。招标文件的内容应当全面系统、完整统一，各部分之间必须力求一致，避免相互矛盾或冲突。招标文件确定的目标和提出的要求必须具体明确，不能杂乱无章，使人看了不得要领。

3）适当分标。工程分标是指就工程建设项目全过程（总承包）中的勘察、设计、施工等阶段招标，分别编制招标文件，或者就工程建设项目全过程招标或勘察、设计、施工等阶段招标中的单位工程、特殊专业工程，分别编制分标工程招标文件，不允许任何肢解工程，一般不能对单位工程在分部、分项招标、编制分部、分项招标文件。属于对单位工程分部、分项单独编制的招标文件，建设工程招标管理机构不予审定认可。

4）兼顾招标人和投标人双方利益。招标文件的规定要公平合理，不能将招标人的风险转移给投标人。

7.2.4　园林工程招标的开标、评标和决标

1. 开标

开标由招标人主持，邀请所有的投标人和评标委员会的全体人员参加，招投标管理机构负责监督，大中型项目也可以请公证机关进行公证。

（1）开标的时间和地点。开标时间应当为招标文件规定的投标截止时间的同一时间；开标地点通常为工程所在地的建设工程交易中心。开标时间和地点应在招标文件中明确规定。

近年来，中国国内开标方式有以下3种，招标企业可任选一种。

1）在有招标单位自愿参加的情况下，公开开标，但当场不宣布中标结果。

2）在公证员的监督下开标，确定预选中标户。

3）在有投标单位自愿参加的情况下，公开开标，当场确定预选中标人。

（2）开标会议程序。

1）投标人签到。签到记录是投标人是否出席开标会议的证明。

2）招标人主持开标会议。主持人介绍参加开标会议的单位、人员及工程项目的有关情况，宣布开标人员名单、招标文件规定的评标定标办法和标底。

（3）开标。

1）检验各标书的密封情况。由投标人或其他推选的代表检查各标书的密封情况，也可以由公证人员检查并公证。

2）唱标。经检验确认各标书的密封无异常情况后，按投递标书的先后顺序，当众拆封投标文件，宣读投标人名称、投标价格和标书的其他主要内容，投标截止时间前收到的所有投标文件都应当当众予以拆封和宣读。

3）开标过程记录。对开标过程应当作好记录，并存档备查。投标人也应做好记录，以收集竞争对手的信息资料。

4）宣布无效的投标文件。开标时，发现有下列情形之一的投标文件时，应当当场宣布其为无效投标文件，不得进入批标。

①投标文件未按照招标文件的要求予以密封或逾期送达的。

②投标函未加盖投标人的公章及法定代表人印章或委托代理人印章的，或者法定代表人的委托代理人没有合法有效的委托书（原件）。

③投标文件的关键内容字迹模糊、无法辨认的。

④投标人未按照招标文件的要求提供投标担保或没有参加开标会议的。

⑤组成联合体投标，但投标文件未附联合体各方共同投标协议的。

2. 评标

（1）评标机构。评标机构工作由招标人依法组建的评标委员会负责。

1）评标委员会的组成。评标委员会由招标人代表和技术、经济等方面的专家组成。成员数为五人以上的单数，其中招标人或招标代理机构以外的技术、经济等方面的专家不得少于成员总数的三分之二。

2）专家成员名单应从专家库中随机抽取确定。组成评标委员会的专家成员，由招标人从建设行政主管部门的专家名册或其他地区的专家库内的相关专家名单中随机抽取确定。技术特别复杂、专业性要求特别高或国家有特殊要求的招标项目，上述方式确定的专家成员难以胜任的，可以由招标人直接确定。

3）与投标人有利害关系的专家不得进入相关工程的评标委员会。

4）评标委员会的名单一般在开标前确定，定标前应当保密。

（2）评标活动应遵循的原则。

1）评标活动应当遵循公平、公正原则。

①评标委员会应当根据招标文件规定的评标标准和办法进行评标，对投标文件进行系统地评审和比较。没有在招标文件中列示的评标标准的办法，不得作为评标的依据。招标文件规定的评标标准和办法应当合理，不得含有倾向或者排斥潜在投标人的内容，不得妨碍或者限制投标人之间的竞争。

②评标过程应当保密。有关标书的审查、澄清、评比和比较的有关资料、授予合同的信息等均不得向无关人员泄露。对于投标人的任何施加影响的行为，都应给予取消其投标资格的处罚。

2）评标活动应当遵循科学、合理的原则。

①查询。即投标文件的澄清。评标委员会可以以书面形式，要求投标人对投标文件中含义不明确、对同类问题表述不一致，或者有明面文字和计算错误的内容，作必要的澄清、说明或补正，但是不得改变投标文件的实质性内容。

②影响性投标文件中存在错误的修正。影响性投标中存在的计算或累加错误，由评标委员会按照规定予以修整。用数字表示的数额与用文字表示的数额不一致时，以文字数额为准；单价与合价不一致时以单价为准，但评标委员会认为单价有明显的小数点错位的，则以合价为准。

经修正的投标书必须经投标人同意才具约束力。如果投标人对评标委员会按规定进行的修正不同意时，应当视为拒绝投标，投标保证金不予退还。

3）评标活动应当遵循竞争和择优的原则。

①评标委员会可以否决全部投标。投标委员会对各投标文件评审后认为所有投标文件都不符合招标文件要求的，可以否决所有投标。

②有效的投标书不足三份时不予评标。有效投标不足三个，使得投标明显缺乏竞争性，失去了投标的意义，达不到招标的目的，应确定为招标无效，不予评标。

③重新招标。有效投标人少于三个或者所有投标被评标委员会否决的，招标人应当依法重新招标。

（3）评标的准备工作。

1）认真研究招标文件。通过认真研究，熟悉招标文件中的以下内容。

①招标的目标。

②招标项目的规范和性质。

③招标文件中规定的主要技术要求、标准和商务条款。

④招标文件规定的评标标准、评标方法和在评标过程中考虑的相关因素。

2）招标人向评标委员会提供的评标所需的重要信息和数据。

（4）初步评审。初步评审又称投标文件的复合性签订。通过初评，将投标文件分为响应性投标和非响应性投标两大类。响应性投标是指投标文件的内容与招标文件所规定的要求、合同协议条款和规范等相符，无显著差别或保留，并且按照投标文件的规定提交了投标担保的投标。非响应性投标是指投标文件的内容与招标文件的规定有重大偏差，或者是未按招标文件的规定提交担保的投标。通过初步评审，响应性投标可以进入详细评标，而非响应性投标则淘汰出局。初步评审的主要内容有以下方面。

1）投标文件排序。评标委员会应当按照投标报价的高低或者招标文件规定的其他方法对投标文件进行排序。

2）废标。下列情况作废标处理。

①投标人以他人的名义投标、串通投标，以行贿手段或者以其他弄虚作假方式谋取中标的投标。

②投标人以低于成本报价竞标的。投标人的报价明显低于其他投标报价或标底，使其报价低于成本的，应当要求该投标人做出书面说明并提供相关证明的材料。投标人未能提供相关证明材料或不能做出合理解释的，按废标处理。

③投标人资格条件不符合国家规定或招标文件要求的。

④拒不按照要求对投标文件进行澄清、说明或补正的。

⑤未在实质上响应招标文件的投标。评标委员会应当审查每一投标文件，是否对招标文件提出的所有实质性要求做了响应。非响应性投标将被拒绝，并且不允许修改或补充。

3）重大偏差。评标委员会应当根据招标文件，审查并列出投标文件的全部投标偏差，并区分为重大偏差和细微偏差两大类。属于重大偏差的有：

①没有按照招标文件要求提供投标担保或者所提供的投标担保有瑕疵。

②投标文件没有投标人授权代表的签字和加盖的公章。

③投标文件载明的招标项目完成期限超过招标文件规定的期限。

④明显不符合拘束规范、技术标准的要求。

⑤招标文件附有招标人不能接受的条件。

⑥不符合招标文件中规定的其他实质性要求。

存在重大偏差的投标文件，属于非响应性投标。

4）细微偏差。是指投标文件在实质上响应投标文件的要求，但在个别地方存在漏项或者提供了不正确的技术信息和数据等。

①细微偏差不影响投标文件的有效性。

②评标委员会应当书面要求投标文件存在细微偏差的投标人在评标结束前予以补正。

5）详细评审。经初步评审合格的投标文件，评标委员会应当根据招标文件规定的评标标准和方法，对其技术部分和商务部分作进一步的评审、比较，即详细评审。详细评审地方法有经评审的最低投标价法、综合评估法和法律规规定的其他方法。

①经评审的最低投标价法。采用经评审的最低投标法时，评标委员会将推举满足下述条件的投标人为中标候选人。

能够满足招标文件的实质性要求。即中标人的投标应符合招标文件规定的技术要求和标准。

经评审的投标价最低的投标人。评标委员会应当根据招标文件规定的评标价格调整方法，对所有投标人的投标报价以及投标文件的商务部分作必要的调整，确定每一投标文件的经评审的投标价。但对技术标无需进行逐个折算。

经评审的最低投标价法一般适用于具有通用拘束性能标准的招标项目，或者是招标人对技术性能没有特殊要求的招标项目。它是一种评标方法，也是一种中标标准。评标价的计算有一套专门的方法，对于不同类型的采购标的，评标价的计算往往存在较大的差异。但总的来说，评标价的计算是以投标报价为基础，综合考虑质量、性能，交货或竣工时间，设备的配套性和零部件供应能力，设备或工程交付使用后的运行、维护费用，环境效益，付款条件以及售后服务等各种因素，按照招标文件中规定的权数或量化方法，将这些因素一一折算为一定的货币额，并加入到投标报价中，最终得出的就是评标价。因此，最低评标价并不等同于最低投标价。根据计算出的评标价对投标人进行排队，评标价最低的一般即为中标单位（没有进行资格预审的尚须通过资格后审），这就是最低评标价评标法。采用经评审的最低投标价法评审完毕后，评标委员会应当填制"标价比较法"，编写书面的评标报告，提交给招标人定标。"标价比较表"应载明投标人的投标报价、对商务偏差的价格调整和说明、经评审的最终投标价。

②综合评估法。综合评估法适用于不宜采用经评审的最低投标价进行评标的招标项目。要点如下所示。

综合评估法推荐中标候选人的原则。综合评估法推荐能够最大限度地满足招标文件中规定的各项综合评价标准的投标人，作为中标候选人。

使各投标文件具有可比性。综合评估法是通过量化各投标文件对招标要求的满足程度，进行评标和选定中标候选人的。评标委员会对各个评审因素进行量化时，应当将量化指标建立在同一基础或同一标准上，使各投标文件具有可比性。评标中需量化的因素及其权重应当在招标文件中明确规定。

衡量各投标满足招标要求的程度。综合评估法采用将技术指标折算为货币或综合评分的方法，分别对技术部分和商务部分进行量化的评审，然后将每一投标文件两部分的量化结果，按照招标文件明确规定的计权方法进行加权，算出每一投标的综合评估价或者综合评估分，并确定中标候选人名单。

综合评估比较表。运用综合评估法完成评标后，评标委员会应拟定一份综合评估比较表，连同署名的评标报告提交给招标人。综合评估比较表载明投标人的投标报价、所作的任何修正、对商务偏差的调整、对技术偏差的调整、对各评审因素的评估和每一投标的最终评审结果。

备选标的评审。招标文件允许投标人投备选标的，评标委员会可以对中标人的备选标进行评审，并决定是否采纳。不符合中标条件的投标人的备选标不予考虑。

划分有多个单项合同的招标项目的评审。对于此类招标项目，招标文件允许投标人为获得整个项目合同而提出优惠的，评标委员会可以对招标人提出的优惠进行审查，并决定是否将招标项目作为一个整体合同授予中标人。整体合同中标人的投标应当是最有利于招标人的投标。

6）评标报告。评标委员会完成评标后，应当向招标人提出书面评标报告。

①评标报告的内容。评标报告应如实记载以下内容：基本情况和数据表、评标委员会成员名单、开标记录、符合要求的投标一览表、废标情况说明、评标标准、评标方法或者评标因素一览表、经评审的价格或者评分比较一览表、经评审的投标人排序、推荐的中标候选人名单与签订合同前要处理的事宜，以及澄清、说明、补正事项纪要。

②中标候选人人数。评标委员会推荐的中标候选人应当限定在1~3人，并标明排列顺序。

③评标报告由评标委员会全体成员签字。评标委员会应当对下列情况作出书名说明并记录在案。

对评标结论有异议的评标委员会成员，可以以书面方式阐述其不同意见和理由。

评标委员会成员拒绝在评标报告上签字且不陈述其不同意见的理由的，视为同意评标结论。

3. 决标

决标又称定标，即在评标完成后确定中标人，是业主对满意的合同要约人作出承诺的法律行为。

（1）招标人应当在投标有效期内定标。投标有效期是招标文件规定的从投标截止日起至中标人公布日止的期限。一般不能延长，因为它是确定投标保证金有效期的依据。如有特殊情况确需延长的，应当进行以下工作。

1）根据投标主管部门备案，延长投标有效期。

2）取得投标人的同意。招标人应当向投标人书名提交延长要求，投标人应作书面答复。投标人不同意延长投标有效期的，视为投标截止前撤回投标，招标人应当退回其投标保证金。同意延长投标有效期的投标人，不得因此修改投标文件，而应相应延长投标保证金的有效期。

3）除不可抗力原因外，因延长投标有效期造成投标人损失的，招标人应当给予补偿。

（2）定标方式。定标时，应当由业主行使决策权。

1）业主自己确定中标人。招标人根据评标委员会提出的书面评标报告，在中标候选人的推荐名单中确定中标人。

2）业主委托评标委员会确定中标人。招标人也可以通过授权评标委员会直接确定中标人。

3）定标的原则。中标人的投标应当符合下列两原则之一。

①中标人的投标能够最大限度地满足投标文件规定的各项综合评价标准。

②中标人的投标能够满足招标文件的实质性要求，并且经评审的投标价格最低，但是低于成本的投标价格除外。

4）优先确定排名第一的中标候选人。使用国有资金投资或者国家融资的项目，招标人应当确定排名第一的中标候选人为中标人。排名第一的中标候选人放弃中标，或者因不可抗力提出不能履行合同，或者投标文件规定应当提交履约保证金而在规定期限内未能提交的，招标人可以确定排名第二的中标候选人为中标人。排名第二的中标候选人因同类原因不能签订合同的，招标人可以确定排名第三的中标候选人为中标人。

5）提交招投标情况书面报告及发出中标通知书。招标人应当自确定中标人之日起15日内，向工程所在地县级以上建设行政主管部门提出招投标情况的书面报告。招投标情况书面报告的内容包括以下方面。

①招投标基本情况。包括招标范围、招标方式、资格审查、开标评标过程、定标方式及

定标的理由等。

②相关的文件资料。包括招标公告或投标邀请书、投标报名表、资格预审文件、招标文件、评标报告、标底（可以不设）、中标人的投标文件等。委托代理招标的应附招标代理委托合同。建设行政主管部门自收到书面报告之日起 5 日内未通知招标人在招标活动中有违法行为的，招标人可以向中标人发初中标通知书，并将中标结果通知所有未中标的投标人。

6）退回招标文件的押金。公布中标结束后，未中标的投标人应当在公布中标通知书后的七天内退回招标文件的相关的图纸资料，同时招标人应当退回未中标投标人的投标文件和发放招标文件时收取的押金。

7.2.5　园林工程招标文件实例

1. ××绿化工程招标文件（绿—08—02）

××绿化工程招标文件

招标单位：××国家高新技术产业开发区发展有限公司

法人代表（章）：

二○○八年二月十六日

招标办备案意见

二○○八年二月十六日

经高新区管委会批准，××路（二期）绿化工程招标前准备工作已完成，具备招标条件，现面向社会公开招标。

一、工程概况说明书

1. 工程名称：××路（二期）绿化工程

2. 工程规模：××路二期，长约 1.08km，四条绿化带，两行行道树（详见××路道路横断面和设计要点）

3. 施工质量要求：达到国家质量验收评定标准。

4. ××路绿化工程为一个标段。

5. 施工周期及维护期要求。

工期要求：2008 年 3 月 1 日～2008 年 5 月 1 日

维护期：复验验收合格后两年。

6. 验收时间和标准。

验收时间：

(1) 2008 年 6 月 2 日～8 日初验栽植质量和幼苗率。

(2) 2008 年 7 月 2 日～8 日复验成活率。

(3) 2009 年 6 月 2 日～8 日根据绿化有关标准检验养护质量（质量要求同初验）。

(4) 2010 年 6 月 2 日～8 日竣工验收保存率、覆盖度。

每次检查必须在一次基础上进行，否则顺延或根据实际情况扣除管理费和苗木费。

验收标准：绿地内栽植的单株植物要求成活率、保存率 100%。子叶小檗、金叶女贞、大叶黄杨等群植的花灌木成活率、保存率要求 96% 以上。播种类草本植物出苗率较高，无斑秃，且分布均匀，达到有关绿化标准，第二年生长季节覆盖度达 95% 以上。

二、投标须知

1. 投标企业必须具备独立法人资格，法定代表人或法人委托人必须带身份证件参加开标会。

2. 投标企业必须具备三级以上（含三级）绿化施工资质，拟派出的项目经理须园林绿化四级以上的项目经理。

3. 近两年至少有两项以上的类似项目业绩。

4. 投标企业必须拥有自己的苗圃。

5. 为保证招标工作顺利完成，招标企业不许联合投标，一经发现取消其投标资格。中标单位施工中不得转包、分包，否则招标人有权中止合同。

6. 标书填写文字及数字应清楚，不得涂改，如有涂改者，必须有投标法人代表签名。投标总价必须用中文大写数字。

7. 标书文件中的任何文字，投标单位不得自行修改。如有疑问，书面告诉招标人，由招标人统一解答改正。

8. 投标人将标书填妥后，按要求密封。投标截止日期为 2008 年 2 月 20 日上午 10：00 整，当众开标。

开标地点：哈尔滨市利民区时代大道 2 号。

外埠单位投标仍按上诉时间、地点送投，过时不予受理。

9. 投标方在投标报价之前，应认真阅读招标文件每一条款，按规定要求填写和投送标书；投标单位由于对招标文件阅读马虎、误解和漏看，或对建设场地了解不清及图纸看得不细等，而导致中标后发生的一切后果和风险，均由投标者自负，不得向招标单位提出任何索赔要求。

10. 投标单位在送投标书之前，必须办妥应交纳的投标保证金贰万元。此项保证金在第一次验收合格后退还原主，如中标人不组织施工，保证金不予退还。

11. 定于 2008 年 2 月 1 日，由招标公司组织勘察施工现场，解答有关招投标中的一切问题。

三、标的预算造价及编制依据

1. 施工图纸及苗木市场价格。

2. 预算造价组成：

$$标的预算总价＝标准单元价格×暂定单元数$$

$$标准单元价格＝单元苗木总价＋施工费＋维护费$$

注：施工费＝苗木费×10％（两年）

维护费＝苗木费×20％

暂定单元数以绿化设计方案为准。

四、投标报价依据及原则

1. 投标人依据绿化设计图纸、招标文件、施工场地现场勘察结果及企业自身具体实际情况自主浮动报价。

2. 投标报价不得超出招标人标书中公布的标的预算造价，否则视为无效标书。

五、投标文件密封要求

1. 统一使用高新区招标办印制的招标袋及密封笺，并按要求三侧密封并加盖公章及法人代表骑缝章。

2. 使用统一印制的投标报价表并加盖公章及法人代表章。

3. 不符合以上要求的投标文件视为废标。

六、评标与定标

1. 企业投标报价：为防止投标企业低于成本恶意竞标，开标时公布本项工程投标报价的最低限价，低于底线价即为废标。

（1）计算评标价：有效投标报价分别去掉一个最高最低投标报价后剩余报价的算术平均值作为评标价。注意：有效报价少于5个时，所有有效报价均应参与算术平均值计算。

（2）算投标报价得分：各有效投标报价得分以评标价为基准进行比较，低于或高于评标价的部分均按比例加减分值。

$$投标报价得分＝投标报价比重× [1－投标报价差率（％）]$$

式中，投标报价比重＝70分

投标报价差率（％）＝（投标报价－评标价）/评标价

2. 工程质量：1分。

3 施工方案：3分。

4. 施工工期：1分。

5. 企业资质等级分值。

省内企业：三级1分；二级3分；一级5分；

外省企业：二级1分；一级3分（依据现行有关规定在外省施工必须是二级及以上企业）。

6. 设计方案得分：10分。

7. 工作业绩及获奖情况（本项得分追高为10分）。

（1）国家级获奖证书5分。

（2）省部级奖励证书3分。

（3）市级获奖证书2分。

8. 评委对各有效标书进行打分，得分最高者为中标单位。

七、付款及结算方式

1. 付款方式：初步验收合格后付总价款的30％，第一次复验合格后再付20％，第二次复验合格后再付40％，第三次复验合格后付清余款。

2. 结算方式：竣工结算以中标的标准单元报价为基数，验收后以实际竣工单元数乘以单元报价。不完整单元报价中各苗木单价乘以实栽树量后加30％是施工及维护费用，计入工程结算。

3. 如遇图纸变更，凡原报价中已有的品种规格按上述办法按工程量增减计入结算；对原报价中没有的品种规格，原则上由招标时全体评委议定单价后按上述办法按工程量减计入结算。

八、合同签订

中标单位于中标之日起两个工作日内必须与招标人签订施工合同。如施工中违反招标文件及合同有关约定，招标人有权终止合同并没收其保证金。

合同条款必须与招标文件的要求一致，不得随意更改其内容。

九、不可遇见情况

如招标失败，招标人有权重新组织招标或对特殊情况采取特殊补救措施。

十、日程安排

发标时间：2008 年 2 月×日上午 10：00

答疑时间：2008 年×月×日上午 10：00

开标时间：2008 年×月×日上午 10：00

十一、投标资料的内容

授权委托书原件。

施工方案。

投标报价表。

投标人认为有必要的其他资料。

十二、未尽事宜，以图纸答疑纪要为准

2. ××开发区××路等道路隔离带绿化工程招标公告及资源预审文件

××开发区××路等道路隔离带绿化工程招标公告

1. 开发区××路等道路隔离带绿化工程，建设地点在经济开发区内，现通过公开招标选定施工单位。

2. 工程质量要求：达到国家质量验收评定标准。

3. 投标单位的施工资质必须是园林绿化三级及以上的施工企业，该工程经理必须是园林绿化资质四级及以上的项目经理。

4. 该工程的招标范围为绿化工程。

5. 有意者请按照如下资格预审文件的要求装订和递交报名材料。

6. 该工程即日起开始报名，报名材料递交截止日期为 2008 年 7 月 15 日 16：40（周日不受理）。

联系人：（略）

联系电话：（略）

开发区××路等道路隔离带绿化工程工程资格预审文件

一、投标申请人须知

1. 业主方委托我公司组织本次招标活动，每一位投标申请人都应积极配合。

2. 各投标申请人需要递交的资格预审文件包括资格通告第 5 条中所规定的所有内容及相关证明材料（详细列表见附件一）。

3. 各投标申请人须在资格预审通告所规定的截止时间前填写好资格预审文件，并将所有附件一并送至我公司。

4. 资格预审结束后，我公司将在××招标网（网址略）公布资格预审结束。

5. 投标申请人有权了解本单位的资格预审情况，我公司将对投标申请人提出的疑问给予答复。

6. 资格预审开始至确定中标人期间，除不可抗力因素外，投标申请认不得更换项目经理,否则取消该投标人的投标资格。

7. 投标申请人弄虚作假,骗取投标资格的,一经查实,立即取消投标资格,已中标的中标结果无效,已开工的责令退出施工,并赔偿由此造成的直接经济损失。

8. 如果贵公司在本工程招标期间不具备承接业务的条件(例如在处罚阶段中),应该主动提出放弃投标;如果贵公司发现其他参加本次投标的投标申请人中有不具备承接业务条件的,应主动向我方反映。

9. 严禁一切挂靠行为和不正当的投诉行为,一经发现,我公司将取消该投标人的投标资格,并将情况上报主管部门。

10. 资格预审过程中有其他需要另行通知的,我公司将采用在××招标网上公示的方式发出相关通知,请各投标申请人注意。

11. 该资格预审文件由××工程建设招标代理有限公司负责解释,××建设工程招标投标管理站负责监督。

二、资格预审通告

1. 开发区××路等道路隔离带绿化工程,建设地点在经济开发区。现通过资格预审的办法确定合格的投标申请人,并采用业主推荐(二至三家)和随机抽签的方式在合格的投标申请人中确定投标人。

2. 参加资格预审的投标申请人其资质等级须是园林绿化三级及以上的施工企业,拟派出的项目经理须是园林绿化四级及以上的项目经理。

3. 工程质量要求:达到国家质量验收评定标准。

4. 工程招标范围:绿化工程。

5. 投标申请人报名材料须包括以下内容。

(1) 法定代表人授权委托书或者企业介绍信。

(2) 企业资质证书和企业营业执照复印件(须提供原件核查)。

(3) 项目经理资质证书复印件(须提供原件核查)。

(4) 拟派出的项目负责人和主要技术人员的简历,包括姓名、文化程度、职务、职称、参加过的施工项目等(五大员须附有上岗证书复印件)。

(5) 拟用于完成招标项目的施工设备、机械等,包括机械设备的名称、型号规格、数量、国别产地、制造年份、主要技术性能等。

(6) 报名资料的每页均须加盖单位公章。

6. 投标人所有按资格预审文件要求提交的报名材料须在2008年9月2日16:40时前交至××工程建设招标代理有限公司。

三、资格预审办法

本工程的资格预审由我公司负责组织,招标站负责监督,由建设单位代表和我公司代表共同会审,本次资格预审不采用打分制,所有的报名单位只要通过以下条款的即为合格的投标申请人。

1. 报名材料按资格预审文件要求制作、递交的。

2. 授权委托书或企业介绍信有效的。

3. 企业的资质等级符合资格预审文件要求的。

4. 项目经理符合资格预审文件要求的。

5. 在本时间段内没有在处罚过程中的。

6. 拟投入的项目班子合理，符合资格预审文件要求的。

7. 拟投入的施工机械合理，符合资格预审文件要求的。

附件一：报名材料统一装订格式

一、封面

二、授权委托书或介绍信

三、企业概况

四、企业营业执照和资质证书复印件

五、项目经理资质证书和项目经理手册复印件

六、拟承担该工程技术负责人和主要技术人员简历

七、拟投入该工程的机械设备一览表

注：各投标人的报名材料应按以上顺序装订成册。

联系人：（略）

电话：（略）传真：（略）

××工程建设招标代理有限公司

7.3 园林工程投标

7.3.1 园林工程投标程序和资格预审

1. 投标程序

园林工程投标的一般程序如图 7-2 所示。

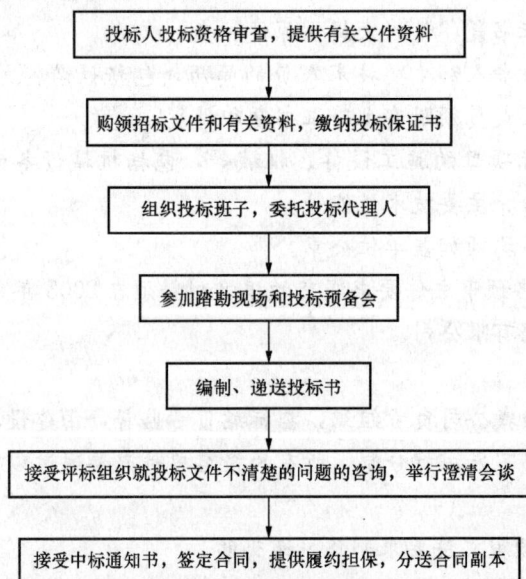

图 7-2 园林工程投标的一般程序

2. 投标资格预审

根据招标方式的不同，招标人对投标人资格审查的方式不同，对潜在投标人资格审查的时间和要求也不一样。如在国际工程无限竞争性招标中，通常在投标前进行资格审查，这叫做资格预审，只有资格预审合格的承包商才可以参加投标；也有些国际工程无限竞争性招标不在投标前而在开标后进行资格审查，这被称作资格后审。在国际工程有限竞争招标中，通常则是在开标后进行资格审查，并且这种资格审查往往作为评标的一项内容，与评标结合起来进行。

我国建设工程投标中，在允许投标人参加投标前一般都要进行资格审查，但资格审查的具体内容和要求有所区别。公开招标一般要按照招标人编制的资格、预审文件进行资格审查。资格预审文件应包括的主要内容有：①招标人组织与机构；②近3年完成工程的情况；③目前正在履行的合同情况；④过去2年经审计过的财务报表；⑤过去2年的资金平衡表和负债表；⑥下一年度财务预测报告；⑦施工机械设备情况；⑧各种奖励或处罚资料；⑨与本合同资料预审有关的其他资料。如是联合体投标应填报联合体每一成员的以上资料。

邀请招标一般是通过对投标人按照投标邀请书的要求提交或出示的有关文件和资料进行验证，确认所掌握的有关投标人的情况是否可靠、有无变化。邀请投标资格审查的主要内容，一般应当包括：①投标人组织与机构、营业执照、资质等级证书；②近3年完成工程的情况；③目前正在履行的合同情况；④资源方面的情况，包括财务、管理、技术、劳力、设备的情况；⑤受奖、罚的情况和其他有关资料。

议标一般也是通过对投标人按照投标邀请书的要求提交或出示的有关文件和资料进行验证，确认所掌握的有关投标人的情况是否可靠、有无变化。议标资格审查一般主要是查验投标人是否有相应的资质等级。

7.3.2 园林工程投标前的准备工作

进入承包市场进行投标，必须做好一系列的准备工作，准备工作充分与否对中标和中标后盈利水平都有很大影响。投标准备包括接受资格预审、投标经营准备、报价准备3个方面。

1. 接受资格预审

根据我国《招标投标法》第十八条的规定，招标人可以对投标人进行资格预审。投标人在获取招标信息后，可以从招标人处获得资格预审调查表，投标工作从填写调查表开始。

为了顺利通过资格预审，投标人应在平时就将一般资格预审内的有关资料准备齐全，最好储存在计算机里，到针对某个项目填写资格预审调查表时，将有关文件调出来加以补充和完善即可。因为资格预审内容中，财务状况、施工经验、人员能力等是一些通用审查内容，在此基础上，附加一些具体项目的补充说明或填写一些表格，再补齐其他查询项目，即可成为资格预审书送出。

在填表时应突出重点，即针对工程特点填好重要项目，特别是要反映公司施工经验、施工水平和施工组织能力，这往往是业主考察的重点。

在投标决策阶段，研究并确定本公司发展的地区和方向，注意收集信息，如有合适项目及早动手做资格预审的申请准备，则应考虑寻找适宜的合作伙伴组成联合体参加投标。

做好提交资格预审表后的跟踪工作，以便及时发现问题、补充资料。

2. 投标准备

（1）组成投标班子。在企业决定要参加某工程项目投标之后，最重要的工作即是组成一个干练的投标班子。对参加投标的人员要进行认真挑选，以满足以下条件。

1）熟悉了解招标文件（包括合同条款），会拟订合同文稿，对招标、口头谈判和合同签约有丰富经验。

2）对《招标投标法》、《合同法》、《建筑法》等法律法规有一定了解。

3）不仅需要有丰富的工程经验、熟悉施工和工程估价的工程师，还要具有设计经验的设计工程师参加，以便从设计或施工角度，对招标文件的设计图纸提出改进方案，以节省投资和加快工程进度。

4）最好有熟悉物资采购和园林植物的人员参加，因为工程的材料、设备往往占工程造价的一半以上。

5）有精通工程报价的经济师参加。

总之，招标班子最好由多方面人才组成。一个公司应该有一个按专业和承包地区分组的、稳定的投标班子，但应避免把投标人员和工程实施人员完全分开，即部分投标人员必须参加所投标项目的实施，这样才能减少工程事故的出现，不断总结经验，提高投标人员的水平和公司的总体投标水平。

（2）联合体。我国《招标投标法》第十三规定，两个以上法人或者其他组织可以组成一个联合体，以一个投标人的身份共同投标。

1）联合体各方应具备的条件。我国《招标投标法》规定，联合体各方均应具备承担招标项目的能力。所谓国家规定包括三个方面：一是《招标投标法》和其他有关法律的规定；二是行政法规的规定；三是国务院有关行政主管部门按国务院确定的职责范围所作的规定。《招标投标法》除对招标人的资格条件作出具体规定外，又专门对联合体提出要求，目的是明确不应因为是联合体就该降低对投标人的要求，这一规定对投标人和招标人都具有约束力。

2）联合体各方内部关系及其对外关系。

①内部关系以协议的形式确定。联合体在组建时，应依据《招标投标法》和有关合同法律的规定共同订立书面投标协议，在协议中约定各方承担的具体工作和各方应承担的责任。如果各方是通过共同注册并进行长期经营的"合资公司"，则不属于《招标投标法》所说的联合体，所以，联合体多指联合集团或者联营体。

②联合体对外关系。中标的联合体各方应当共同与招标人签订合同，并应在合同书上签字或盖章。在同一类型的债权债务关系中，联合体任何一方均有义务履行招标人提出的要求。招标人可以要求联合体的任何一方履行全部义务，被要求的一方不得已"内部订立的权利义务关系"为由而拒绝履行义务。

（3）联合体的优缺点。

1）可增大融资能力。大型建设项目需要有巨额的履约保证金和周转资金，资金不足无法承担这类项目，即使资金雄厚，承担这一份额项目后就无法再承担其他项目了。采用联合体可以增大融资能力，减轻每一家公司的资金负担，实现以较少资金参加大型建设项目的目的，其余资金可以再承担其他项目。

2）分散风险。大型工程风险因素很多，如果由一家公司承担全部风险是很危险的，所以有必要依靠联合体来分散风险。

3）弥补技术力量的不足。大型项目需要使用很多专门的技术，而技术力量薄弱和经验少的企业是无法承担的，既使承担了也要冒很大的风险。同技术力量雄厚、经验丰富的企业成立联合体，使各个公司互相取长补短，就可以解决这类问题。

4）报价可互相检查。有的联合体报价是每个合伙人单独制定的，要想算出正确和适当的价格，必须互查报价，以免漏报、错报。有的联合体报价是合伙人之间互相交流制定的，这样可以提高报价的可靠性，提高竞争力。

5）确保项目按期完工。通过对联合体合同的共同承担，提高项目完工的可靠性，同时对业主来说也提高了对项目合同、各项保证、融资贷款等的安全性和可靠性。

但也要看到，由于联合体是几个公司的临时合伙，所以有时在工作中难以迅速作出判断，如协作不好则影响项目的实施，这就需要在制定联合体合同时明确权利和义务，组成一个强有力的领导班子。

联合体一般是在资金预审前即开始制定内部合同与规划，如果投标成功，则在项目实施全过程中予以执行，如果投标失败，则联合体立即解散。

3. 报价准备

（1）熟悉招标文件。承包商在决定投标并通过资格预审获得投资资格后，要购买招标文件并研究和熟悉招标文件的内容，在此过程中应特别注意对标价计算可能产生重大影响的问题。

1）关于合同条件方面。诸如工期、延期罚款、包含要求、保险、付款条件、税收、货币、提前竣工奖励、争议、仲裁、诉讼法律等。

2）材料、设备和施工技术要求方面。如采用哪种规范、特殊施工和特殊材料的技术要求等。

3）工程范围和报价要求方面。如承包商可能获得补偿的权利。

4）熟悉图纸和设计说明，为投标报价做准备。熟悉招标文件，还应理出招标文件中含糊不清的问题，及时提请业主澄清。

（2）招标前的调查与现场考察。这是投标前重要的一步，如果在招标决策阶段已对拟招标的地区做了较深入的调查研究，则在拿到招标文件后只需要做针对性的补充调查，否则还需要做深入的调查。

现场考察主要是指去工地进行考察。招标单位一般在招标文件中注明现场考察的时间和地点，在文件发出后就要安排投标者进行现场考察工作。现场考察既是投标者的权利又是其责任，因此，投标者在报价前必须认真进行施工现场考察，全面地、仔细地调查了解工地及其周围的政治、经济、地理等情况。

现场考察所需费用均由投标者自理，现场考察应从下述 5 个方面调查了解。

1）工程的性质以及与其他工程之间关系。

2）投标者投标的那一部分工程与其他承包商或分包商之间的关系。

3）工地地貌、地质、气候、交通、电力、水源等情况，有无障碍物等。

4）工地附近有无住宿条件、料场开采条件、其他加工条件、设备维修条件等。

5）工地附近治安情况等。

（3）分析招标文件、校核工程量、编制施工规划。

1）分析招标文件。招标文件。是招标的主要依据，应该仔细地分析研究招标文件，主要对象应放在招标须知、专用条款、设计图纸、工程范围以及工程量表上，最好有专人或小组研究技术规范和设计图纸，明确特殊要求。

2）校核工程量。对于招标文件中的工程量清单，投标者一定要进行校核，因为这直接影响中标的机会和投标报价。对于无工程量清单的招标工程，应当计算工程量，其项目一般可以单价项目划分为依据。在校核中如发现相差较大，投标者不能随便改变工程量，而应致函或直接找业主澄清。尤其对于总价合同要特别注意，如果业主投标前不给予更正，而且是对投标者不利的情况，投标者在投标时应附上说明。投标人在核算工程量时，应结合招标文件中的技术规范弄清工程量中每一细目的具体内容，才不至于在计算单位工程量价格时出错。如果招标的工程是一个大型项目，而且招标时间又比较短，则投标人至少要对工程量大而且造价高的项目进行核实，必要时，可以采取不平衡报价的方法来避免由于业主提供工程量的错误而带来的损失。

3）编制施工规划。

7.3.3   投标决策与策略

园林工程投标决策是园林工程承包经营决策的重要组成部分，它关系到能否中标和中标后的效益，因此，园林建设工程承包商必须高度重视投标决策。

1. 园林工程投标决策的内容和分类

园林工程投标决策是指园林工程承包商为实现其生产经营目标，针对园林工程招标项目，寻求并实现最优化的投标行动方案的活动。一般说来，园林工程投标决策的内容主要包括两个方面：一是关于是否参加投标的决策；二是关于如何进行投标的决策。在承包商界定参加投标的前提下，关键是要对投标的性质、投标的效益、投标的策略和技巧应用等进行分析、判断，做出正确决策。因此，园林工程投标决策实际上主要包括投标与否决策、投标性质决策、投标效益决策、投标策略和技巧决策四种。

（1）投标与否决策。园林工程投标决策的首要任务，是在获取招标信息后，对是否参加投标竞争进行分析、论证，并作出决策。承包商关于是否参加投标的决策是其他投标决策产生的前提。承包商决定是否参加投标，通常要综合考虑各方面的情况，如承包商当前的经营状况和长远目标，参加投标的目的，影响中标机会的内部、外部因素等。一般来说，有下列情形之一的招标项目，承包商不宜决定参加投标。

1）工程资质要求超过本企业资质等级的项目。

2）本企业业务范围和经营能力之外的项目。

3）本企业在手承包任务比较饱满，而招标工程的风险较大或盈利水平较低的项目。

4）本企业投标资源投入量过大时面临的项目。

5）在技术等级、信誉、水平和实力等方面具有明显优势的潜在竞争对手参加的项目。

（2）投标性质决策。关于投标性质的决策主要考虑是投保险标，还是投风险标。所谓保险标，是指承包商对基本上不存在技术、设备、资金和其他方面问题的，或虽有技术、设备、资金和其他方面问题，但可预见并已有了解决办法的工程项目而投的标。如果企业经济实力不强，经不起折腾，投保险标是比较恰当的选择。我国的工程承包商一般都愿意投保险标，特别是在国际工程承包市场上，投保险标的更多。

风险标是指承包商对存在技术、设备、资金或其他方面未解决的问题，承包难度比较大的招标工程而投的标。投风险标关键是要能想出办法解决好工程中存在的问题。如果问题解决好了，可获得丰富的利润，开拓出新的技术领域，锻炼出一支好的队伍，使企业素质和实力上一个台阶；如果问题解决的不好，企业的效益、声誉等都会受损，严重的可能会使企业出现亏损甚至破产。因此，承包商对投标性质的决策，特别是对投风险标，应当慎重。

（3）投标效益决策。关于投标效益的决策，一般主要考虑是投盈利标、保本标，还是投亏损标。所谓盈利标，是指承包商为能获得丰厚利润回报的招标工程而投的标。一般来说，有下列情形之一的，承包商可以考虑投盈利标：①业主对本承包商特别满意，希望发包给本承包商的；②招标工程是竞争对手的弱项而是本承包商的强项的；③本承包商在手任务虽饱满，但招标利润丰厚、诱人，值得且能实际承受超负荷运转的。

保本标是指承包商对不能获得多少利润但一般也不会出现亏损的招标工程而投的标。一般来说，有下列情形之一的，承包商可以考虑投保本标：①招标工程竞争对手较多，而本承包商无明显优势的；②本承包商在手任务少，无后续工程，可能出现或已经出向部分窝工的。

亏损标是指承包商对不能获利、自己赔本的招标工程而投的标。我国一般禁止投标人以低于成本的报价竞标，因此，投亏损标是一种非常手段，是承包商不得已而为之。一般来说，有下列情形之一的，承包商可以决定投亏损标：①招标项目的强劲竞争对手众多，但本承包商孤注一掷，志在必得的；②本承包商已出现大量窝工，严重亏损，急需寻求支撑的；③招标项目属于本承包商的新市场领域，本承包商渴望打入的；④招标工程属于承包商有绝对优势的市场领域，而其他竞争对手强烈希望插足分享的。

（4）投标策略和投标技巧决策。关于投标策略和投标技巧的决策比较复杂，一般主要考虑投标时机的把握、投标方法和手段的运用等。如在获得招标信息后，是马上决定是否参加投标，还是先观望，后决定；在投标截止有效期限内，是尽早还是尽迟递交投标文件；在投标报价上，是采用扩大标价法，还是不平衡报价法，抑或其他报价方法；在招标对策上，是寻求投标报价方面的有利因素，还是寻求其他方面的支持，抑或兼而有之。

2. 园林工程投标策略

园林工程投标策略是指园林工程承包商为了达到中标目的而在投标进程中所采用的手段和方法。其主要指导思想是：知己知彼，把握情势；以长制短；随机应变，争取主动。

3. 园林工程投标技巧

园林工程投标技巧是指园林工程承包商在投标过程中所形成的各种操作技能和诀窍。园林工程投标活动的核心和关键是报价问题，因此，园林工程投标报价的技巧至关重要。常见的投标报价技巧主要有以下方法。

（1）扩大标价法。这是指除按正常的已知条件编制标价外，对工程中变化较大或没有把握的工作项目，采用增加不可预见费的方法，扩大标价，减少风险。这种做法的优点是中标价即为结算价，减少了价格调整等麻烦，缺点是总价过高。

（2）不平衡报价方法。它又叫前重后轻法，是指在总报价基本确定的前提下，调整内部各个子项的报价，以期既不影响总报价，又在中标后满足资金周转的需要，获得较理想的经济效益。不平衡报价法的通常做法有如下几种。

1）对能早日结账收回工程款的土方、基础等前期工程项目，单价可适当报高些；对水电设备安装、装饰等后期工程项目，单价可适当报低些。

2）对预计今后工程量可能会增加的项目，单价可适当报高些；而对工程量可能减少的项目，单价可适当报低些。

3）对设计图纸内容不明确或有错误，估计修改后工程量要增加的项目，单价可适当报高些；而对工程内容明确的项目，单价可适当报低些。

4）对没有工程量只填单价的项目，或招标人要求采用包干报价的项目，单价宜报高些；对其余的项目，单价可适当报低些。

5）对暂定项目（任意项目或选择项目）中实施的可能性大的项目，单价可报高些；雨季不一定实施的项目，单价可适当报低些。

（3）多方案报价法。这是指对同一个招标项目除了按招标文件的要求编制了一个投标报价方案以外，还编制了一个或几个建议方案。多方案报价法有时是招标文件中规定采用的，有时是承包商根据需要决定采用的。承包商决定采用多方案报价法，通常主要有一下两种情况。

1）如果发现招标文件中的工程范围很不具体、很不明确，或条款内容不清除、很不公正，或对技术规范的要求过于苛刻，可先按招标文件中的要求报一个价，然后再说明假如招标人对合同要求作某些修改，报价可降低很多。

2）如发现设计图纸中存在某些不合理并可以改进的地方或可以利用某项新技术、新工艺、新材料替代的地方，或者发现自己的技术和设备满足不了招标文件中设计图纸的要求，可以先按设计图纸的要求报一个价，然后再另附上一个修改设计的比较方案，或说明在修改设计的情况下，报价可降低很多。这种情况，通常也称作修改设计法。

（4）突然降价法。这是指为迷惑竞争对手而采用的一种竞争方法。通常的做法是，在准备投标报价的过程中预先考虑好降价的幅度，然后有意散一些假情报，如打算弃标，按一般情况报价或准备报高价等，在临近投标截止日期前，突然前往投标，并降低报价，以期战胜竞争对手。

7.3.4　园林工程投标书的编制和报送

投标人应当按照招标文件的要求编制投标文件，所编制的投标文件应当对招标文件提出的实质要求和条件作出响应。招标项目属于建设施工的，投标文件的内容应当包括拟派出的项目组责任人与主要技术人员的简历、业绩和拟用于完成招标项目的机械设备等。

投标文件的组成应根据工程所在地建设市场的常用文本内容确定，招标人应在招标文件中做出明确的规定。

1. 商务标编制内容

商务标的文本格式较多，各地都有自己的文本格式，我国《建设工程工程量清单计价规范》规定商务标包括以下内容。

(1) 投标总价及工程项目总价表。

(2) 单项工程费汇总表。

(3) 单位工程费汇总表。

(4) 分部分项工程量清单计价表。

(5) 措施项目清单计价表。

(6) 其他项目清单计价表。

(7) 零星工程项目计价表。

(8) 分部分项工程量清单综合单价分析表。

(9) 分项措施费分析表和主要材料价格表。

2. 技术标编制内容

技术标通常由施工组织设计、项目管理班子配备情况、项目拟分包情况、替代方案及报价四部分组成。具体内容如下。

(1) 施工组织设计。投标前施工组织设计的内容有：主要施工方法、拟在该工程投入的施工机械设备情况、主要施工机械设备计划、劳动力安排计划、确保工程质量的技术组织措施、确保安全生产的技术组织措施、确保工期的技术组织措施、确保文明施工的技术组织措施等，并应包括以下附表。

1) 拟投入的主要施工机械设备表。

2) 劳动力计划表。

3) 计划开、竣工日期和施工进度网络图。

4) 施工总平面布置图及临时用地表。

(2) 项目管理班子配备情况。项目管理班子配备情况主要包括：项目管理班子配备情况表、项目经理简历表、项目技术负责人简历表和项目管理班子配备情况辅助说明等资料。

(3) 项目拟分包情况。技术标投标文件中必须包括项目拟分包情况。

(4) 替代方案及其报价。投标文件中还应列明替代方案及其报价。

3. 标书的包装与投送

(1) 标书的包装。投标方应该注意标书的包装，标书的封面应尽可能做得精致一些。没有能力的投标方最好请专业人员设计制作标书的封面，以吸引招标方的注意力。园林标书封面上的图案最好与园林或林业这个大的主题相关，但不可泄露标书中的内容。只有文字的标书封面应该设计得简洁流畅，并在封面正中标明机密字样。

投标方应准备 1 份正本和 3～5 份副本，用信封分别把正本和副本密封，封口处加贴封条，封条处加盖法定代表人或其授权代理人的印章和单位公章，并在封面上注明"正本和副本"字样，然后一起放入招标文件袋中，再密封招标文件袋。文件袋外应注明工程项目名称、投标人名称及详细地址，并注明何时之前不准启封。一旦正本和副本有差异，以正本为准。

(2) 标书的投送。投标人应在招标文件前附表规定的日期内将投标文件送交给招标人。招标人可以按招标文件中投标须知规定的方式，酌情延长递交投标文件的截止日期。在上述情况下，招标人与投标人以前在投标截止期方面的全部权利、责任和义务，将使用延长后新的招标截止期。在投标截止期以后送达的招标文件，招标人应当拒收，已经收下的也须原封退给投标人。

招标人可以在递交投标文件以后，在规定的投标截止时间之前，采用书面形式向招标人递交补充、修改或撤回其投标文件的通知。在投标截止日期以后，不能修改投标文件。投标人的补充、修改或撤回通知，应按招标文件投标须知的规定编制、密封、加写标志和送交，并在内层包封标明"补充"、"修改"或"撤回"字样。补充、修改的内容视为投标文件的组成部分。根据投标须知的规定，在投标截止时间与招标文件中规定的投标有效期终止日之间的这段时间内，投标人不能撤回投标文件，否则其投标保证金将不予退还。

投标人递送投标文件不宜太早，一般在招标文件规定的截止日期前一两天内密封送交指定地点比较好。

实训　园林建设工程招标投标模拟训练

1. 实训目的

通过组织学生参加园林建设工程模拟招标会，使学生熟悉邀请招标和投标的程序，掌握招投标文件的编制。

2. 实训用具

笔、纸、计算器、园林建设工程图纸等。

3. 实训内容

（1）进行模拟邀请招标和投标。

（2）编制招标文件和投标文件。

4. 步骤和方法

（1）邀请招标。

1）将学生划分为甲、乙、丙、丁四个组，其中甲组学生为招标班子成员兼评标委员会委员，任课教师是评标委员会的名誉组长兼招标单位法人代表，乙、丙、丁三组为被邀请招标的对象。每组指定一个负责人。

2）运用园林工程课上所学知识，每组同学单独绘制拟建园林工程的图纸，并交任课教师初步审阅。

3）甲组同学根据任课教师初步审阅的图纸编制招标文件，并向乙、丙、丁三组发布投标邀请函。

4）甲组同学编制标底并交任课教师审定。

5）甲组同学对投标单位进行资格预审。

6）甲组在任课教师的指导下组织投标单位现场答疑。

7）甲组接受投标单位递交的标书。

（2）投标。

1）乙、丙、丁三组接到甲组发布的投标邀请函后，向甲组取得招标文件。

2）乙、丙、丁三组向甲组办理园林工程投标资格预审，向甲组提交有关资料。

3）乙、丙、丁三组各自研究招标文件，熟悉投标环境。

4) 乙、丙、丁三组分别确定投标策略。

5) 乙、丙、丁三组各自编制投标书，根据招标文件的要求，在制定时间的前一天将投标书密封好交给甲组负责人。

（3）开标、评标和决标。

1) 开标应按招标文件确定的提交投标文件截止日期的同一时间公开进行，开标地点为本班教室。

2) 甲组负责人为开标主持人，负责宣布评标方法，当场公开标底，当众检查、拆封各投标单位的投标书，如发现无效标书，经半数以上评委确认，当场宣布无效。

3) 评标时一般对各投标单位的报价、工期、主要材料用量、施工方案、工程质量标准和工程产品保修养护的承诺进行综合评价，为优选确定中标单位提供依据。

4) 可用评标方法有：加权中和评分法、接近标底法、加减综合评分法、定性评议法。甲组同学最好选择第一种评标方法进行评议。

5) 甲组同学按评标方法对投标书进行评审后，应提出评标报告，推荐中标单位，经任课教师认定批准后，由甲组按规定在有效期内发出中标和未中标通知书。

6) 中标通知书发出后一星期内由甲组与中标单位签订模拟园林工程施工承包合同。

复 习 思 考 题

一、填空题

1. 在工程承包中，由乙方承包施工所用的全部人工和材料的承包方式称为_____。

2. 在整个招标投标过程中，_____、_____、_____是三个主要阶段。

3. 招标方式一般分为三种，即_____、_____、_____。

4. 园林建设工程招标人对招标工程项目在方案、质量、期限、价金、方法、措施等方面的综合性理想控制指标或预期要求被称为_____。

5. 在初步评标过程中，评标委员会一般将投标文件分为_____、_____两大类，前者可以进入详细评标，而后者则被淘汰出局。

6. 评标委员会在详细评审投标文件时，一般采用两种方法，即_____和_____。

7. 投标决策主要是指投标人考虑投_____标、_____标，还是投_____标。

8. 在投标报价中，投标人除按正常的条件编制标价外，对工程中没有把握的项目扩大标价、减少风险，这总报价方法称为_____。

9. 根据有关法律，招标人可以在招标文件中要求投标人提交投标保证金，但投标保证金一般不得超过投标总价的_____，最高不得超过_____人民币。

10. 两个以上法人或者其他组织可以组成一个_____，以一个投标人的身份共同投标。

二、选择题

1. 下列投标文件中属于废标的是（　　　）。

A. 响应性投标文件　　　　　　　B. 非响应性投标文件

C. 报价高于其他竞争对手的　　　D. 联合体投标

E. 投标人资质不符合投标文件要求

2. 投标人进入承包市场进行投标，必须做好一系列的准备工作。投标准备包括下列（　　）方面。

A. 接受甲方的资格审查　　　　　　B. 进行实地考察

C. 研究相关的法律法规　　　　　　D. 准备好投标报价材料

3. 在实践中，投标人可以考虑投盈利标的情况是（　　）。

A. 投标人在众多竞争对手中，资质等级是最高的

B. 业主对投标人不满意

C. 投标人自认为其设计方案新颖、合理

D. 投标人认为一旦中标，利润将很丰满

4. 一般在投标过程中，投标人必须编制（　　）。

A. 施工方案　　　　　　　　　　　B. 施工方法及进度计划

C. 设备和劳动力计划　　　　　　　D. 施工组织设计

5. 下列是商务标的内容的是（　　）。

A. 主材价格表　　　　　　　　　　B. 项目经理的内容

C. 投标总价　　　　　　　　　　　D. 施工方法和施工机械的配备情况

6. 下列是技术标的内容的是（　　）。

A. 苗木价格汇总表　　　　　　　　B. 分项工程直接费汇总表

C. 劳动力安排计划　　　　　　　　D. 工程监理的资料

7. 根据《招标投标法》下列建设工程中必须进行招标的是（　　）。

A. 某私营企业主利用自有资金进行厂区绿化

B. 某公立大学利用自有资金进行宿舍楼建设

C. 某大型桥梁的建设，其资金主要来源于香港某财团的资助

D. 某私立中学进行校园绿化建设

8. 根据有关法律、法规，关于标底的编制过程和标底的描述下列表述中正确的是（　　）。

A. 标底编制过程和标底必须保密

B. 一个工程可能有多个标底

C. 招标项目必须设标底

D. 编制标底时，招标人应该参照工程定额，结合市场供求状况，综合考虑投标、工期和质量等方面的因素

三、简答题

1. 园林工程承包商应具备哪些条件？

2. 简述工程项目招标一般程序。

3. 招标文件正式文本包括哪些内容？

4. 举例说明投标报价中的不平衡报价法。

5. 简述园林建设工程投标的一般程序。

主 要 参 考 文 献

［1］吴立威. 园林工程招投标与预决算. 北京：高等教育出版社，2005.

［2］黄顺. 园林工程预决算. 北京：高等教育出版社，2006.

［3］刘卫斌. 园林工程概预算. 北京：中国农业出版社，2006.

［4］董三孝. 园林工程概预算与施工管理. 北京：中国林业出版社，2003.

［5］尹贻林. 工程造价与控制. 北京：中国计划出版社，2003.

［6］张国栋. 园林绿化工程预决算应用手册. 北京：中国建材工业出版社，2002.

［7］丛日晨. 园林工程概预算实例问答. 北京：机械工业出版社，2007.

［8］田永复. 中国园林建筑工程预算. 北京：中国建筑工业出版社，2003.